教育部现代学徒制试点项目成果/黑龙江省高水平专业建设项目成果

高端技术技能型人才培养规划教材

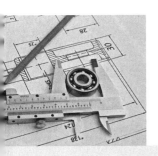

机 械 制 图

JIXIE ZHITU （第2版）

主　编　杨书婕　李一栋
副主编　王　磊　郭合龙　张学慧　陈碧雯
主　审　周　全

U0223305

哈尔滨工业大学出版社
HARBIN INSTITUTE OF TECHNOLOGY PRESS

内 容 简 介

本书是为适应当前高等职业院校机械制图教学改革,加强读图能力和基本功训练,以达到培养应用型高等职业技术人才所需的看图和绘图能力而编写的。主要内容包括:制图的基本知识,正投影基础,立体的表面交线及轴测图,组合体,机件的常用表达方法,标准件及常用件,零件图和装配图。

本书可作为高等职业教育、中等职业教育的机械类和近机械类各专业的教学用书,也可以供机械制造行业的工程技术人员、技术工人参考使用。

图书在版编目(CIP)数据

机械制图/杨书婕,李一栋主编. —2 版. —哈尔滨:哈尔滨工业大学出版社,2019.7(2022.9 重印)

ISBN 978 - 7 - 5603 - 8282 - 1

Ⅰ.①机… Ⅱ.①杨… ②李… Ⅲ.①机械制图 Ⅳ.①TH126

中国版本图书馆 CIP 数据核字(2019)第 101257 号

责任编辑 张 荣
出版发行 哈尔滨工业大学出版社
社 址 哈尔滨市南岗区复华四道街 10 号 邮编 150006
传 真 0451 - 86414749
网 址 http://hitpress.hit.edu.cn
印 刷 黑龙江艺德印刷有限责任公司
开 本 787mm×1092mm 1/16 印张 14 字数 321 千字
版 次 2013 年 12 月第 1 版 2019 年 7 月第 2 版
 2022 年 9 月第 2 次印刷
书 号 ISBN 978 - 7 - 5603 - 8282 - 1
定 价 38.00 元

(如因印装质量问题影响阅读,我社负责调换)

第 2 版前言

本书是为适应当前高等职业院校机械制图教学改革,加强读图能力和基本功训练,以达到培养应用型高等职业技术人才所需的看图和绘图能力而编写的。编写时以介绍高等职业教育的最新发展为出发点,根据高职高专院校培养方案、课程体系和课程标准等教学要求,并结合多年来制图教学改革实践经验,以"必须、够用"为度,精炼教材内容。

本书采用最新的《机械制图》国家标准,对国家标准中涉及表面粗糙度、几何公差等内容的更改在本书中也及时应用,以便适应工程图学的最新发展。

本书反映了制图教学改革的部分成果,在内容安排上,适当降低投影理论的难度,删减点、线、面投影中画法几何要求过高的部分,把轴测图绘制放到组合体之前,对学生进行初步形象思维训练,使学生快速建立初步空间想象力,达到提高识图能力的目的。各部分内容符合学习的内在规律性,看、画、想(想象空间物体形状)、练相结合,很好的训练了学生的基本功。本书知识体系的设计符合机械制图的基本思路,考虑到制图知识的完整性和专业的拓展需求,在内容设计上既有普遍性,又有针对性,可以拓展学生的专业知识和专业能力,为后续的专业课程学习奠定良好的专业基础。

在编写过程中,作者认真总结长期的课程教学经验,广泛汲取兄弟院校同类教材的优点,在注重学科知识的系统性、表达的规范性和准确性的同时,充分考虑高职学生的思维特点和对知识的接受能力,力求简练通俗,采用图、表、文字对照,以及以"图"说"图",用图解方法拆分难点,使读者一目了然。

本书由杨书婕、李一栋担任主编,王磊、郭合龙、张学慧和陈碧雯担任副主编。具体编写分工为:绪论及第 1~4 章由黑龙江职业学院杨书婕编写,第 5~7 章由黑龙江职业学院李一栋编写,第 8 章由黑龙江职业学院王磊编写。同时,黑龙江职业学院郭合龙、张学慧、陈碧雯负责本书附录整理及图形绘制工作。全书由杨书婕统稿,由周全主审。

虽然作者尽力将本书编写成为一本适应于当前高职院校机械类及相关专业教学的教材,但是由于水平有限,书中难免存在疏漏和不妥不处,恳请读者和专家批评指正。

编 者

2019 年 3 月

目　　录

绪　　论

一、本课程的地位、性质

在工程中根据投影方法,准确地表达工程上物体的形状、大小及技术要求的图形,称为工程图样,简称图样。

在近代规模生产活动中,无论是机器的设计、制造和维修,还是船舶、房屋、桥梁等工程的设计和建造都必须通过图样来表达设计意图,并根据图样来制造和施工。因此,工程图样被称为工程技术界的语言,是技术交流的工具。

机械图样是工程图样的一部分,用来准确表达机件的形状和尺寸以及制造和检验机件时所需的技术要求。在工业生产中,人们用图样来传递技术信息和交流技术思想,因此凡是从事工程技术的工作人员,都必须具有绘图和看图的本领。"机械制图"是工程类的一门核心专业基础课,学生入校后涉及工程技术领域的第一门课就是"机械制图",所以可以把它称之为未来技术人员的启蒙课。本课程只能为学生的绘图和读图能力打下初步基础,在后续课程、生产实习、课程设计和毕业设计中还需继续提高。

二、本课程的内容与任务

本书分为三大模块,分别是制图的基本理论与基础知识,机械零件的表达方法和零件图,装配图的识读与绘制。

本课程的主要任务是培养学生具有一定的绘图、看图能力和空间想象、思维能力,通过本课程学习应达到如下 5 条要求:

(1)掌握正投影法表示空间物体的基本理论和方法。

(2)能正确使用绘图工具和仪器。

(3)掌握机械图样的有关知识,培养查阅有关标准的能力。

(4)根据国家标准《机械制图》部分的规定,能绘制中等复杂程度的零件图和装配图。

(5)培养认真负责的工作态度,养成耐心细致、一丝不苟的工作作风。

三、本课程的学习方法

1. 注重形象思维

"机械制图"主要是研究怎样将空间物体用平面图形表示出来以及怎样根据平面图形将空间物体的形状想象出来的一门学科,其思维方式独特,注重形象思维,所以学习时一定要抓住"物""图"之间相互转化的方法和规律,注重培养自己的空间想象能力和思维能力。

2. 侧重基础知识

"机械制图"的基础知识来自于课程本身,即从投影概念、点、直线、平面、集合体的投影等,一层一层地砌垒而成,所以要注意基础的积累。

3. 强化作图实践

"机械制图"是一门实践性很强的课程,"每课必练"是本课的突出特点。只有通过大量的作图实践,才能学好这门课程,具备良好的绘图、识图能力。

第1章　制图的基本知识

1.1　制图的基本规定

1.1.1　标准概述

标准是随着人类生产活动和产品交换规模及范围的日益扩大而产生的。我国现已制定了两万多项国家标准。机械图样是用来表达和交流设计思想的语言,是设计、制造机械产品的技术资料。因此,国家标准对图样的画法、格式和尺寸注法等做出了统一规定,近年又参照国际标准(ISO)再次进行修订,使之更加完善、合理和便于国际间的技术交流与贸易往来。国家标准《技术制图》(GB/T 14689—2008、GB/T 14690—1993、GB/T 14691—1993、GB/T 16675.2—2012)是一项基础技术标准,国家标准《机械制图》(GB/T 4457.4—2002、GB/T 4458.4—2003)是一项机械专业制图标准,它们是图样的绘制与使用的准绳,必须认真学习和遵守。

"GB/T"为推荐性国家标准代号,一般可简称"国标"。"14689""4457.4"为标准批准顺序号,"1993""1996""2002""2003"表示该标准发布的年号。

1.1.2　国家标准介绍

1. 图纸的幅面和格式(摘自 GB/T 14689—2008)

(1)图纸幅面。

绘制技术图样时,应优先选用表1.1所规定的基本幅面。必要时,允许选用规定的加长幅面,这些幅面的尺寸是由基本幅面的短边成整倍数增加得出的。

表1.1　图纸基本幅面尺寸　　　　　　　　　　　　mm

幅面代号	A0	A1	A2	A3	A4
$B×L$	841×1 189	594×841	420×594	297×420	210×297
a	25				
c	10			5	
e	20		10		

(2)图框格式。

在图纸上,图框必须用粗实线画出。其格式分为无装订边和有装订边两种,如图1.1及1.2所示。同一产品的图样,只能采用一种格式。

(3)标题栏。

每张图纸都必须画出标题栏(图1.3),GB/T 10609.1—2008对标题栏的尺寸、内容及格式做了规定,标准标题栏如图1.4所示。在制图作业中,建议采用图1.5所示的简化标题栏,标题栏一般应如图1.3所示位于图纸右下角。

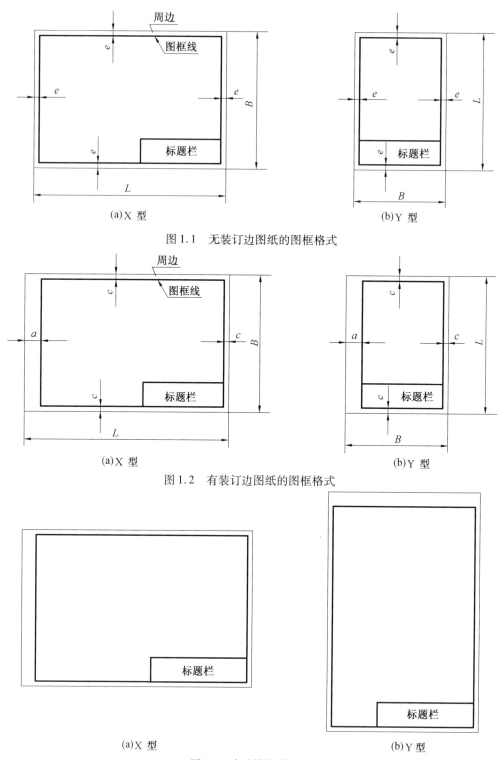

(a)X 型　　　　　　　　　　　　　　　　(b)Y 型

图 1.1　无装订边图纸的图框格式

(a)X 型　　　　　　　　　　　　　　　　(b)Y 型

图 1.2　有装订边图纸的图框格式

(a)X 型　　　　　　　　　　　　　　　　(b)Y 型

图 1.3　标题栏的位置

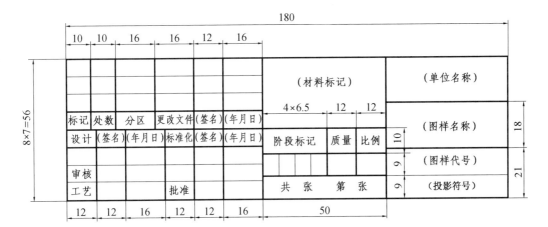

图1.4 标准标题栏

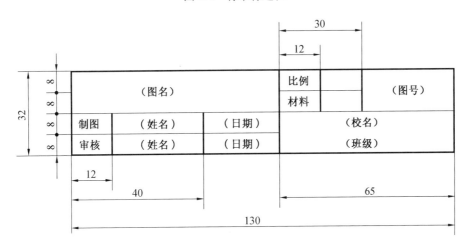

图1.5 简化标题栏

2. 比例(摘自 GB/T 14690—1993)

比例是图中图形与实物相应要素的线性尺寸之比。绘制图样时,应尽量采用原值比例。若机件太大或太小需按比例绘制图样时,应在表1.2规定的系列中选取适当比例,必要时允许选用表1.3中的比例。

表1.2 优先选择比例系列

种类	比例		
原值比例	1:1		
放大比例	5:1	2:1	
	$5 \times 10^n : 1$	$2 \times 10^n : 1$	$1 \times 10^n : 1$
缩小比例	1:2	1:5	1:10
	$1 : 2 \times 10^n$	$1 : 5 \times 10^n$	$1 : 1 \times 10^n$

注:n 为正整数

表 1.3　允许选择比例系列

种类	比例				
放大比例	4 : 1			2.5 : 1	
	$4×10^n : 1$			$2.5×10^n : 1$	
缩小比例	1 : 1.5	1 : 2.5	1 : 3	1 : 4	1 : 6
	$1 : 1.5×10^n$	$1 : 2.5×10^n$	$1 : 3×10^n$	$1 : 4×10^n$	$1 : 6×10^n$

注:n 为正整数

　　比例一般应标注在标题栏中的比例栏内,必要时可在视图名称的下方或右侧标注比例,如图 1.6 所示。

$$\frac{I}{2:1} \qquad \frac{A 向}{1:100} \qquad \frac{B—B}{2.5:1} \qquad \frac{墙板位置图}{1:200} \qquad 平面图 1:100$$

图 1.6　比例标注

　　不论采用哪种比例,图形中所标注的尺寸数值必须是实物的实际大小,与图形的大小无关。同一机件的各个视图一般采用相同的比例,并需在标题栏中的比例栏内写明采用的比例,如 1 : 1。当同一机件的某个视图采用了不同比例绘制时,必须另行标明所用比例。

　　注意:图形中所标注的尺寸必须是物体的实际尺寸,与选用的比例和绘图的精确度无关。如图 1.7 所示,图中分别采用原值比例、放大比例和缩小比例绘制图样,但是尺寸始终反映零件的真实大小。

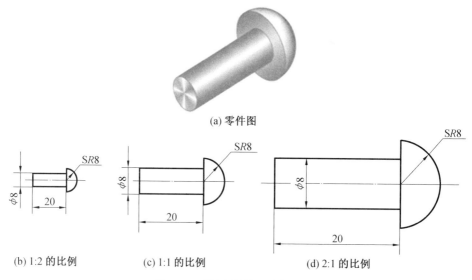

(a) 零件图

(b) 1:2 的比例　　　　(c) 1:1 的比例　　　　(d) 2:1 的比例

图 1.7　不同比例的尺寸标注法

3. 字体(摘自 GB/T 14691—1993)

　　(1)图样中书写的字体必须做到:字体工整、笔画清楚、间隔均匀、排列整齐。

　　(2)字体高度(用 h 表示)的公称尺寸系列为 1.8 mm、2.5 mm、3.5 mm、5 mm、7 mm、

14 mm 和 20 mm。若书写更大的字,其字体高度应按 $\sqrt{2}$ 的比例递增。字体高度代表字体号数。

(3)图中的汉字应写成长仿宋体,并采用国家正式公布推行的简化字。汉字高度 h 不应小于 3.5 mm,其字宽一般为 $h/\sqrt{2}$。

(4)字母和数字分 A 型和 B 型。A 型笔画宽度(d)为字高(h)的 1/14,B 型笔画宽度(d)为字高(h)的 1/10。在同一图样上,只允许选用一种型式的字体。

(5)字母和数字可写成斜体和直体。斜体字字头向右倾斜,与水平基准线成 75°。

长仿宋体汉字、拉丁字母(B 型斜体)、阿拉伯数字及罗马数字示例如图 1.8 所示。

10 号字

字体工整　笔画清楚　间隔均匀　排列整齐

7 号字

横平竖直注意起落结构均匀填满方格

5 号字

技术制图机械电子汽车航空船舶土木建筑矿山井坑港口纺织服装

(a) 长仿宋体汉字示例

ABCDEFGHIJKLMNOPQ

abcdefghIjklmnopq

(b) 拉丁字母(B 型斜体)示例

0123456789

(c)阿拉伯数字示例

$$10^3 \quad S^{-1} \quad D_1 \quad T_d \qquad \varnothing 20^{+0.010}_{-0.023} \quad 7°^{+1°}_{-2°} \qquad \frac{3}{5}$$

$$I \quad II \quad III \quad IV \quad V \quad VI \quad VII \quad VIII \quad IX \quad X$$

(d) 罗马数字示例

图 1.8　长仿宋体汉字、拉丁字母(B 型斜体)、阿拉伯数字及罗马数字示例

4. 图线(摘自 GB/T 17450—1998、GB/T 4457.4—2002)

(1)线型及其应用。

绘制图样时,应采用 GB/T 4457.4—2002 中所规定的图线,线型及应用见表 1.4。

表 1.4　线型及应用

序号	线型	名称	一般应用
1	——————	细实线	过渡线、尺寸线、尺寸界线、剖面线、指引线、螺纹牙底线、辅助线等
2	〜〜〜	波浪线	断裂处边界线、视图与剖视图的分界线
3	—〜—〜—	双折线	断裂处边界线、视图与剖视图的分界线
4	——————	粗实线	可见轮廓线、相贯线、螺纹牙顶线等
5	– – – – –	细虚线	不可见轮廓线
6	▬ ▬ ▬ ▬	粗虚线	表面处理的表示线
7	—·—·—·—	细点画线	轴线、对称中心线、分度圆（线）、孔系分布的中心线、剖切线等
8	▬·▬·▬·▬	粗点画线	限定范围表示线
9	—··—··—	细双点画线	相邻辅助零件的轮廓线、可移动零件的轮廓线、成形前轮廓线等

　　常用图线有：粗实线、细实线、波浪线、双折线、细虚线、粗虚线、细点画线、粗点画线和细双点画线等。

　　常用图线的使用方法可以参考图 1.9。

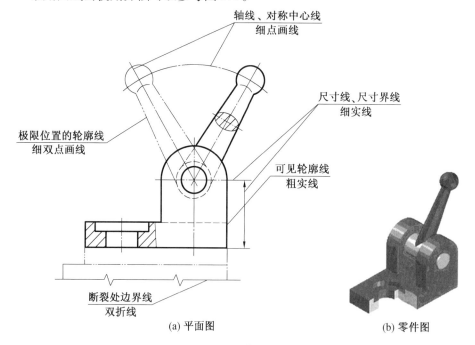

(a) 平面图　　　　　　　　　(b) 零件图

图 1.9　常用图线示例

（2）图线宽度。

本标准规定了上述 9 种图线线型,所有线型的图线宽度(d)应按图样的类型和尺寸大小在下列系数中选择:0.13 mm、0.18 mm、0.25 mm、0.35 mm、0.5 mm、0.7 mm、1 mm、1.4 mm 和 2 mm。图线的宽度分粗线、细线两种,其宽度比为 2∶1。

（3）图线画法(图 1.10)。

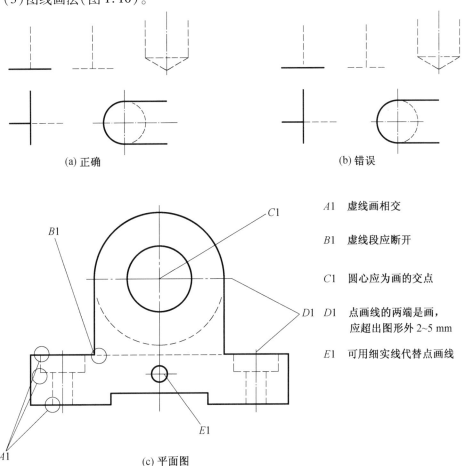

(a) 正确　　　　　　　　　　　　　　　　　　　(b) 错误

$A1$	虚线画相交
$B1$	虚线段应断开
$C1$	圆心应为画的交点
$D1$	点画线的两端是画, 应超出图形外 2~5 mm
$E1$	可用细实线代替点画线

(c) 平面图

图 1.10　图线的画法

①同一图样中,同类图线的宽度应一致;虚线、点画线及双点画线的线段长度和间隔应大致相等;

②两条平行线之间的距离应不小于粗实线的两倍,最小间距不小于 0.7 mm;

③绘制圆的对称中心线时,点画线两端应超出圆的轮廓线 2 ~ 5 mm;首末两端应是线段而不是短画;圆心应是线段的交点。在较小的图形上绘制点画线有困难时可用细实线代替;

④两条线相交应以画相交,而不应相交在点或间隔处;

⑤直虚线在实线的延长线上相接时,虚线应留出间隔;

⑥虚线圆弧与实线相切时,虚线圆弧应留出间隔;

⑦点画线、双点画线的首末两端应是线,而不应是点;

⑧当有两种或更多的图线重合时,通常按图线所表达对象的重要程度优先选择绘制顺序为:可见轮廓线、不可见轮廓线、尺寸线、各种用途的细实线、轴线和对称中心线、假想线。

5. 尺寸标注法(摘自 GB/T 4458.4—2003)

图样中的图形只能表达机件的形状和结构,而机件的大小由标注的尺寸确定。标注尺寸时,应严格遵守国家标准有关尺寸注法(GB/T 4458.4—2003)的规定,做到正确、完整、清晰。

(1)标注尺寸的基本规则。

机件的真实大小应以图样上所注的尺寸数值为依据,与图形的大小及绘图的准确程度无关。

图样中(包括技术要求和其他说明)的尺寸,以毫米(mm)为单位时,不需要标注计量单位的代号和名称,如采用其他单位,则必须注明相应的计量单位的代号或名称,如45 度30 分应写成45°30′。

图样中所注尺寸是该机件最后完工时的尺寸,否则应另加说明。

机件的每一尺寸,一般只标注一次,应标注在反映该结构形状最清晰的图形上。

(2)标注尺寸的要素。

一个完整的尺寸应由尺寸界线、尺寸线、尺寸数字和尺寸终端(箭头)组成,如图 1.11所示。

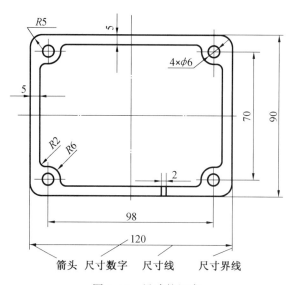

图 1.11　尺寸的组成

①尺寸界线。尺寸界线表示尺寸的度量范围,用细实线绘制,由图形的轮廓线、轴线或对称中心线处引出,也可以利用轮廓线、轴线或对称线中心作为尺寸界线,如图 1.12 所示。尺寸界线一般应与尺寸线垂直,并超出尺寸线的终端2 ~ 3 mm。

②尺寸线。尺寸线表示尺寸的度量方向,用细实线单独画出。尺寸线不能用其他图线代替,也不得与其他图线重合或画在其他图线的延长线上。标注线性尺寸时,尺寸线与

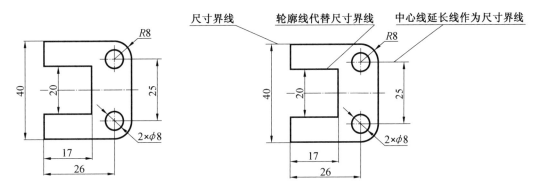

图 1.12　尺寸界线的画法

所标注的线段平行。当有多个尺寸首尾相接时,应将尺寸线对齐在同一直线的位置。有多条平行的尺寸线时,为避免尺寸线与其他尺寸界线相交,应按小尺寸在内、大尺寸在外进行标注。

③尺寸数字。尺寸数字表示所注机件尺寸的实际大小。线性尺寸的数字一般注写在尺寸线的上方,也可注在尺寸线的中断处。尺寸数字不可被任何图线所通过,当无法避免时,必须将该图线断开。尺寸数字应按图 1.13 所示方向注写。

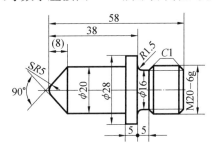

图 1.13　尺寸数字的写法

④尺寸线的终端有箭头和斜线两种形式,机械图样中一般采用箭头作为尺寸线的终端形式。箭头尖端与尺寸界线接触,不得超出也不得离开。箭头的画法如图 1.14(a)所示。斜线形式主要用于建筑图样,如图 1.14(b)所示。当空间狭小时可以用实心圆点代替,如图 1.14(c)所示。当尺寸线与尺寸界线垂直时,同一图样中只能采用一种尺寸终端形式。

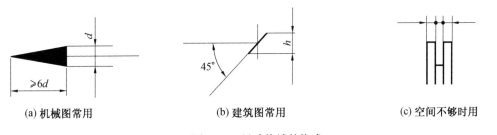

(a) 机械图常用　　　　　　　　　(b) 建筑图常用　　　　　　　　　(c) 空间不够时用

图 1.14　尺寸终端的格式

（3）尺寸标注法。

①线性尺寸的标注法。线性尺寸数字的方向一般应按图 1.15（a）所示的方向标注，水平方向的尺寸数字应字头朝上；竖直方向的尺寸数字应字头朝左；倾斜方向的尺寸数字字头应有向上的趋势。尽可能避免在图示 30°范围内标注尺寸，若无法避免时，可按图 1.15（b）的形式标注。

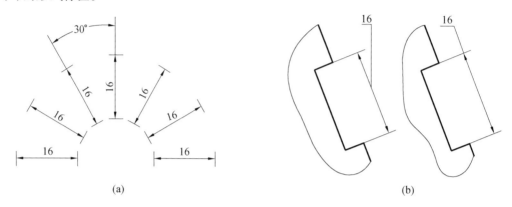

（a）　　　　　　　　　　　　　　　　　　（b）

图 1.15　尺寸数字的注写方向

②圆、圆弧及球面的尺寸标注法。

a. 圆或大于半圆的圆弧一般应标注直径尺寸，尺寸线经过圆心，尺寸界线为圆周，在尺寸数字前应加注符号"ϕ"；半圆或小于半圆的圆弧一般标半径，尺寸线自圆心引向圆弧，用单边箭头的形式标注，在尺寸数字前应加注符号"R"，如图 1.16 所示。

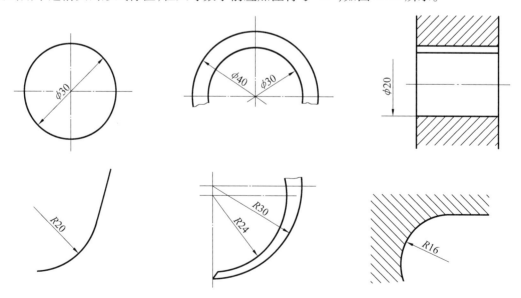

图 1.16　圆的直径和圆弧半径的标注法

b. 当圆弧的半径过大，在图纸范围内无法注出其圆心位置时，可用折线形式标注，如不必注出圆心位置时，尺寸线可只画靠近圆弧的部分，如图 1.17 所示。

c.标注球面直径或半径时,应在符号 ϕ 或 R 前加注表示球面的符号"S",如图 1.18 所示。对于螺钉、铆钉的头部、轴和手柄的端部等,在不致引起误解的情况下,可省略符号"S"。

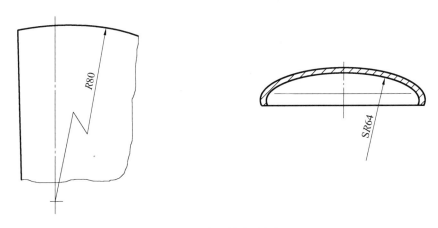

图 1.17　圆弧半径较大时的标注法

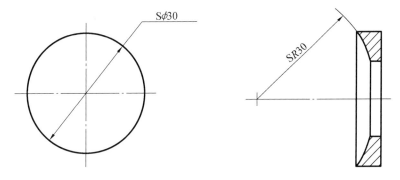

图 1.18　球面的尺寸标注法

③角度、弦长和弧长尺寸的标注法。

角度尺寸界线应沿径向引出,尺寸线画成圆弧,圆心是角的顶点,尺寸数字应一律水平书写,一般注在尺寸线的中断处,必要时也可注写在外面,或引出标注,如图 1.19 所示。

标注弦长尺寸时,尺寸界线应平行于弦的垂直平分线,如图 1.20 所示。标注弧长尺寸时,弧长的尺寸线为同心弧,并应在尺寸数字的左侧加注符号"⌒",如图 1.21 所示。

④小尺寸的标注法。

对于小尺寸,没有足够位置画箭头或写数字时,可按图 1.22 所示标注。即尺寸箭头可从外向里指到尺寸界线,并可以用实心小圆点代替箭头,尺寸数字可采用旁注或引出标注。

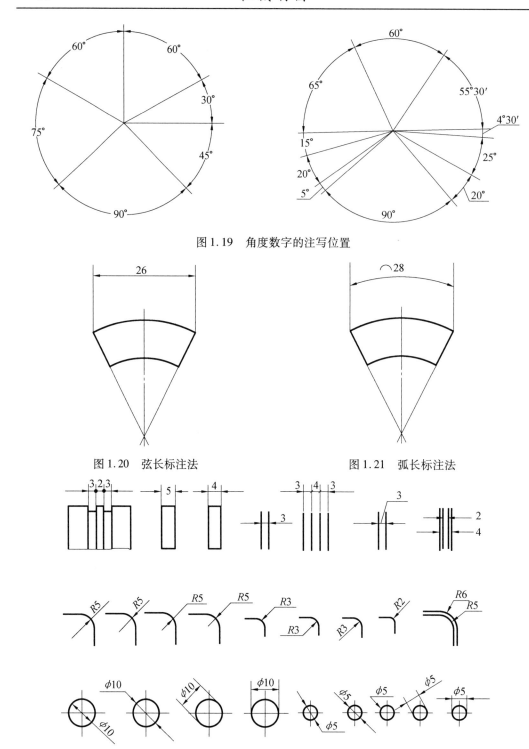

图 1.19　角度数字的注写位置

图 1.20　弦长标注法　　　　　　　　　图 1.21　弧长标注法

图 1.22　小尺寸的标注法

1.2 绘图工具

常用的绘图工具有铅笔、图板、丁字尺、三角板、绘图仪器等。正确使用绘图工具才能保证绘图的质量。

1.2.1 铅 笔

绘图用的铅笔铅芯按其软硬程度,分别用 B 和 H 表示。一般用标号为 B 的铅笔画粗实线;用标号为 HB 的铅笔写字;用标号为 H 的铅笔画细线。铅笔的磨削如图1.23所示。

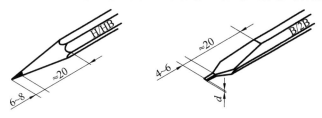

图 1.23 铅笔的磨削

1.2.2 图板与丁字尺

绘图时用图板作为垫板,要求图板表面光滑、平坦,用作导边的左侧边必须平直。图纸用胶带纸固定在图板上。丁字尺与图板配合使用,上下滑动来画水平线,如图 1.24 所示,同时丁字尺也可以作三角板移动的导边。

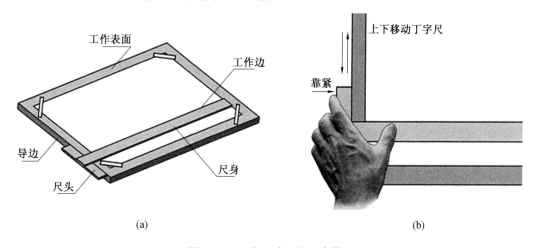

(a)   (b)

图 1.24 丁字尺寸图板配合使用

1.2.3 三 角 板

一副三角板是由两块分别具有 45°及 30°和 60°的直角三角形板组成,与丁字尺配合使用,可绘制垂直线、30°、45°、60°及与水平线成 15°倍角的直线,如图 1.25 所示。

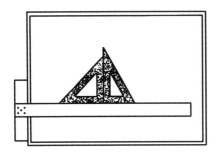

图 1.25　三角板的使用

1.2.4　分　　规

分规是用来量取或等分线段的工具。分规在并拢时两针脚应紧紧地靠在一起,作图时可用分规量取尺寸,再画到图纸上,如图 1.26 所示。当等分线段时,先估计一等份的长度,再进行试分,若有盈余(或不足),再目测调整进行试分,一般试分 2~3 次即可完成。

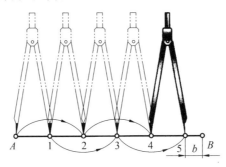

图 1.26　分规的使用

1.2.5　圆　　规

圆规是画圆或圆弧的工具。大圆规配有铅笔(画铅笔图用)、钢针(作分规用),两种插脚和一个延长杆(画大圆用),如图 1.27 所示,可根据不同需要选用。

画小圆时宜采用弹簧圆规或点圆规。

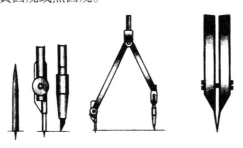

图 1.27　大圆规的组成

1.3　几何作图

1.3.1　等分直线段

直线的等分除了用分规进行试分,还可以使用等比定理,用平行线法进行试分。具体做法可以参考图 1.28。

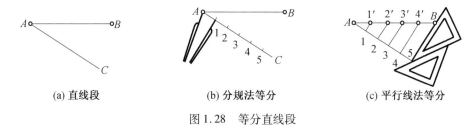

(a) 直线段　　　　　　　　(b) 分规法等分　　　　　　　(c) 平行线法等分

图 1.28　等分直线段

1.3.2　等分圆周和作正多边形

1. 等分圆周

等分圆周时可以利用三角板的配合,进行一些特殊等分,如 6、8、12、24 等分等。具体做法可以参考图 1.29。

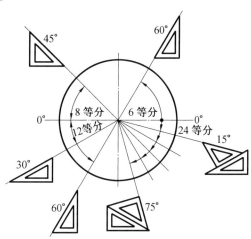

图 1.29　利用三角板等分圆周

2. 作正多边形

作正多边形通常都是用等分圆周的方法绘制。绘制过程为:确定多边形的中心,以中心到多边形的角点的距离为半径绘圆,等分圆周,连接各等分点即可完成多边形的绘制。对于三边形、六边形等特殊角度的多边形,可以尽量利用三角板量取角度。下面以正六边形和正五边形的绘制为例。

（1）等分圆周作内接正六边形。

常用的正六边形作图方法有边长作图法和外角作图法。

方法一：边长作图法。

可以利用正六边形的边长和外接圆的半径相等这一关系来作图，具体步骤如图 1.30 所示，以 A、D 为圆心，以外接圆的半径为半径画弧与圆周交于 B、C、E、F 四点，依次连接各点，即得正六边形。

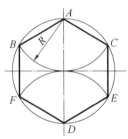

图 1.30 边长作图法作内接正六边形

方法二：外角作图法。

正六边形的外角为 60°，可以利用三角板、丁字尺配合作出外接圆的六等分点。具体步骤如图 1.31（a）所示，用三角板分别过 A、D 两点作与水平线成 60° 角的直线 AB、AF、DC、DE，交圆周于 B、C、E、F 四点，连接 BC、FE 即得正六边形。

同样，如图 1.31（b）所示，用三角板分别过 A'、D' 两点作与水平线成 30° 角的直线 $A'B'$、$A'F'$、$D'E'$，交圆周于 B'、C'、E'、F' 四点，直接 $B'C'$、$E'F'$ 即得正六边形.

（2）等分圆周作内接正五边形。

如图 1.32 所示，作 OA 的垂直平分线交 OA 于 D 点，以 D 点为圆心、BD 为半径画弧交 OC 于 E 点，以 BE 为边长在圆周上依次截得五等分点，连接即得圆的内接正五边形。

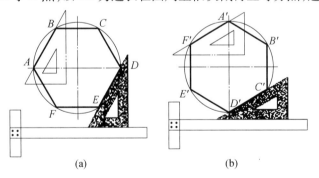 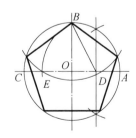

图 1.31 外角作图法作内接正六边形   图 1.32 等分圆周作内接正五边形

1.3.3 斜度和锥度

1. 斜度

斜度是指一直线（平面）对另一直线（平面）的倾斜程度，用字母 S 表示。斜度大小是以直线（平面）间的夹角 β 的正切值来表示的，通常将此值写成 $1:n$ 的形式，即 $\tan\beta =$

$\dfrac{H-h}{L}=1:n$，如图 1.33（a）所示。标注斜度时，其符号方向应与斜度的方向一致，如图 1.33（a）、（b）所示。若已知直线段 AC 的斜度为 $1:6$，如图 1.33（b）所示，其作图方法如图 1.33（c）、（d）所示。

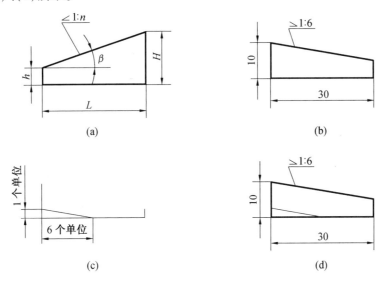

图 1.33　斜度

例 1.1　钩头楔键的绘制。

如图 1.34 所示，斜度为 $1:6$，先在一条直角边上选定任意一个单位长度（AC），然后从另一直角边上选择六倍单位长度（AB），连接两端点（BC），过已知点（D）作连线（BC）的平行线（DE），即得到钩头楔键的倾斜边。

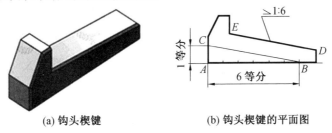

(a) 钩头楔键　　　　　　　(b) 钩头楔键的平面图

图 1.34　钩头楔键的绘制

2. 锥度

锥度是指圆锥的底圆直径与锥体高度之比，如果是圆台，则为上、下两底圆的直径差与锥台高度之比，用字母 C 表示。锥度大小以 $\dfrac{1}{2}\alpha$（α 为圆锥角）正切值的 2 倍来表示，通常将此值写成 $1:n$ 的形式，即 $C=2\tan\dfrac{\alpha}{2}=\dfrac{D}{L}=\dfrac{D-d}{L_1}=1:n$，如图 1.35（a）所示。

标注锥度时，其符号方向应与锥度的方向一致，如图 1.35（a）、（b）所示。若已知圆锥台的底圆的直径为 $\phi 20$，高度为 25，如图 1.35（b），其作图方法如图 1.35（c）、（d）

所示。

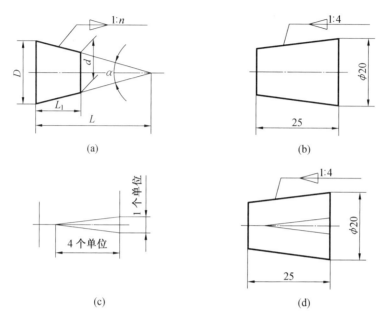

图 1.35　锥度的画法

例 1.2　绘制零件的锥度。

如图 1.36 所示,斜度为 1∶3,先在底边上选定任意一个单位长度(CC_1),然后从高上选择三倍单位长度(AB),连接两端点(BC、BC_1),过已知点(E、F)作连线的平行线(EG、FH),即得到零件的锥面锥度。

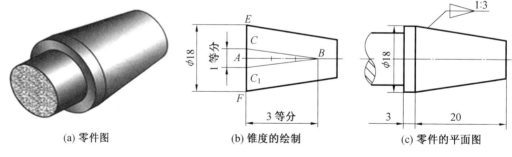

(a) 零件图　　　　　　(b) 锥度的绘制　　　　　　(c) 零件的平面图

图 1.36　绘制零件的锥度

1.4　圆弧连接

在绘制机械图样时,经常需要用一个已知半径的圆弧来光滑连接(即相切)两个已知线段(直线段或曲线段),这种连接方式称为圆弧连接。此圆弧称为连接弧,两个切点称为连接点。为了保证光滑的连接,必须正确地作出连接弧的圆心和两个连接点,且两个被连接的线段都要正确地画到连接点为止。如图 1.37 所示。

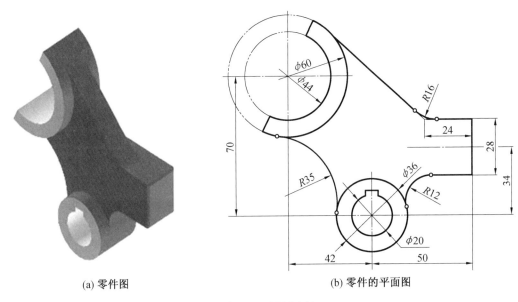

(a) 零件图　　　　　　　　　　　(b) 零件的平面图

图 1.37　圆弧连接

1.4.1　作图原理

圆弧连接的作图方法的核心在于求连接圆弧的圆心和切点。

1. 圆弧与直线连接(相切)

(1)如图 1.38 所示,连接弧圆心的轨迹为一平行于已知直线的直线,两直线间的垂直距离为连接弧的半径 R。

(2)由圆心向已知直线作垂线,其垂足即为切点。

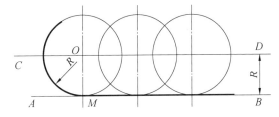

图 1.38　圆弧与直线相切

2. 圆弧与圆弧连接(外切)

(1)如图 1.39 所示,连接弧圆心的轨迹为一与已知圆弧同心的圆,该圆的半径为两圆弧半径之和(R_1+R)。

(2)两圆心的连线与已知圆弧的交点即为切点。

3. 圆弧与圆弧连接(内切)

(1)如图 1.40 所示,连接弧圆心的轨迹为一与已知圆弧同心的圆,该圆的半径为两圆弧半径之差(R_1-R)。

(2)两圆心的连线的延长线与已知圆弧的交点即为切点。

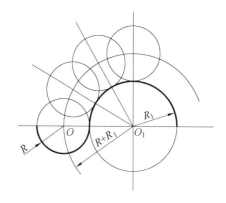

图 1.39　圆弧与圆弧外切

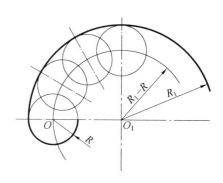

图 1.40　圆弧与圆弧内切

1.4.2　两直线间的圆弧连接

1. 用圆弧连接锐角或钝角的两边

（1）如图 1.41 所示与已知角两边分别作相距 R 的平行线,交点 O 即为连接弧的圆心。

（2）自 O 点分别向已知角两边作垂线,垂足 M、N 即为切点。

（3）以 O 为圆心、R 为半径在两切点 M、N 之间画连接弧即为所求。

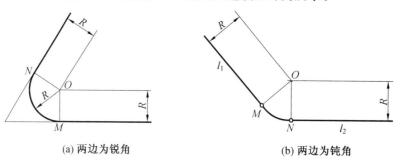

(a) 两边为锐角　　　　　　　　(b) 两边为钝角

图 1.41　两边为锐角或钝角的圆弧连接

2. 用圆弧连接直角的两边

（1）如图 1.42 所示,以角点 A 为圆心、R 为半径画弧,交直角两边于 M、N。

（2）以 M、N 为圆心、R 为半径画弧,两弧交点为连接弧圆心 O。

（3）以 O 为圆心、R 为半径,在 M、N 之间画连接圆弧即为所求。

例 1.3　用半径为 R 的圆弧连接图 1.43(a)中的直线和圆弧。

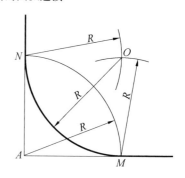

图 1.42　两边为直角的圆弧连接

作图过程如图 1.43(b)所示,步骤如下:

（1）以 O_1 为圆心、R_1+R 为半径作圆弧,该弧与距直线段 AB 为 R 的平行直线交于 O

点,点 O 即为连接弧的圆心。

（2）连接点 O 和点 O_1 交已知弧于 T_1 点,自 O 向 AB 作垂线得垂足 T_2,点 T_1、T_2 即为切点。

（3）以 O 为圆心、R 为半径作出连接弧 T_1T_2。

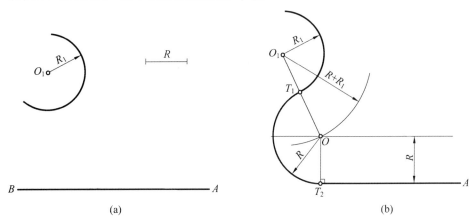

图 1.43　圆弧与直线连接

例 1.4　用半径为 R 的圆弧连接图 1.44(a)中的两已知圆弧(R_1、R_2)。

作图过程如图 1.44(b)所示,步骤如下:

（1）求圆心:分别以 O_1、O_2 为圆心、R_1+R 和 R_2+R(外切时)为半径画弧,得交点 O,即为连接弧(半径为 R)的圆心。

（2）求切点:作两圆心连线 O_1O、O_2O,与两已知圆弧(半径为 R_1、R_2)相交于点 K_1、K_2,则 K_1、K_2 即为切点。

（3）画连接弧:以 O 为圆心、R 为半径,自点 K_1 至 K_2 画圆弧,即完成作图。

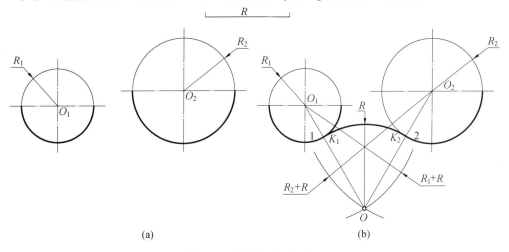

图 1.44　圆弧与圆弧连接

综上所述,作圆弧连接时,应先求出连接弧的圆心,再确定其切点,这样才能准确作出连接弧。

1.5　平面图形的绘制

1.5.1　平面图形的尺寸分析

1.定形尺寸

定形尺寸是指确定平面图形上几何元素形状大小的尺寸,如图 1.45 中的 $\phi 12$、$R 13$、$R 26$、$R 7$、$R 8$、48 和 10。一般情况下确定几何图形所需定形尺寸的个数是一定的,如直线的定形尺寸是长度,圆的定形尺寸是直径,圆弧的定形尺寸是半径,正多边形的定形尺寸是边长,矩形的定形尺寸是长和宽等。

2.定位尺寸

定位尺寸是指确定各几何元素相对位置的尺寸,如图中的尺寸 18、40。确定平面图形位置需要两个方向的定位尺寸,即水平方向和垂直方向;也可以以极坐标的形式定位,即半径加角度。

3.尺寸基准

任意两个平面图形之间必然存在相对位置关系,就是说有一个是参照的。

标注尺寸的起点称为尺寸基准,简称基准。平面图形尺寸有水平和垂直两

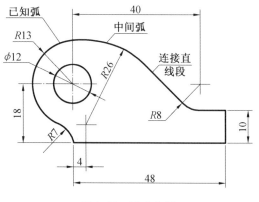

图 1.45　尺寸分析

个方向,因此基准也必须从水平和垂直两个方向考虑。平面图形中尺寸基准是点或线。常用的点基准有圆心、球心、多边形中心点、角点等;线基准往往是图形的对称中心线或图形中的边线。

1.5.2　线段分析

根据定形、定位尺寸是否齐全,可以将平面图形中的图线分为以下三大类:

1.已知线段

概念:定形、定位尺寸齐全的线段。

作图时该类线段可以直接根据尺寸作,如图1.45中的 $\phi 12$ 的圆、$R 13$ 的圆弧、48 和 10 的直线均属已知线段。

2.中间线段

概念:只有定形尺寸或一个定位尺寸的线段。

作图时必须根据该线段与相邻已知线段的几何关系,通过几何作图的方法求出,如图 1.45 中的 $R 26$ 和 $R 8$ 两段圆弧。

3.连接线段

概念:只有定形尺寸没有定位尺寸的线段。

其定位尺寸需根据与已知线段相邻的两线段的几何关系,通过几何作图的方法求出,

如图中的 R7 圆弧段、R26 和 R8 间的连接直线段。

在两条已知线段之间,可以有多条中间线段,但必须有且只有一条连接线段。否则,将缺少或多余尺寸。

1.5.3　平面图形的画图步骤

以图 1.46(a)所示的定位块平面图为例,对平面图形的画图步骤总结如下(图 1.46):

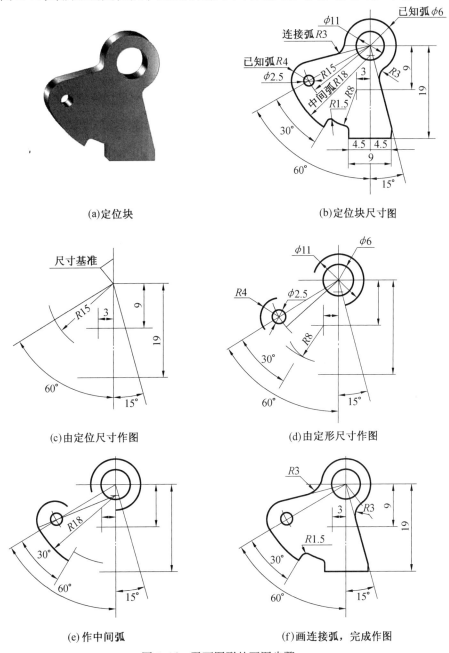

(a)定位块　　　　　　　(b)定位块尺寸图

(c)由定位尺寸作图　　　　　　　(d)由定形尺寸作图

(e)作中间弧　　　　　　　(f)画连接弧,完成作图

图 1.46　平面图形的画图步骤

（1）根据图形大小选择比例及图纸幅面。

（2）分析平面图形中哪些是已知线段，哪些是连接线段，以及所给定的连接条件。

（3）根据各组成部分的尺寸关系确定作图基准、定位线。

（4）依次画出已知段、中间线段和连接线段。

（5）将图线加粗、加深。

（6）标注尺寸。

1.5.4　平面图形的尺寸标注法

平面图形中标注的尺寸，必须能唯一地确定图形的形状和大小，并且标注出确定各线段的相对位置及其大小的尺寸。平面图形画完后，需按照正确、完整、清晰的要求来标注尺寸，即标注的尺寸要符合国家标准规定：尺寸不重复也不遗漏；尺寸要排列有序；数字要注写正确、清楚。

标注尺寸的方法和步骤：先选择水平和垂直方向的基准线；然后确定图形中各线段的性质；最后按已知线段、中间线段、连接线段的次序逐个标注尺寸。

1.5.5　平面图形绘制的一般步骤

1. 准备工作

准备好图板、丁字尺、三角板、绘图工具和仪器，修磨好绘制不同图线的铅笔，调整好圆规的针尖和铅芯，并将各种用具摆放在适当的位置。

2. 图形分析

分析所绘制的图形，明确平面图形各部分的关系，确定已知线段、中间线段和连接线段。对于机器零部件要考虑如何选择视图表达。

3. 选择图形比例和图纸幅面

根据图形分析，确定图纸幅面和绘图比例。在图板合适的位置上用胶带纸固定好图纸。并找出图纸的中心，按标准图幅的尺寸，绘制图框线和标题栏。

4. 图形布置

在图框内适当布置图形，考虑留出尺寸注写和文字说明的位置。图形布置确定后，画出图形的基准线，如中心线、对称线等。

5. 绘制底稿

用较硬的铅笔绘制底稿。先画出图形的主要轮廓，再画细节（如孔、倒角、圆角等）。图形的底稿线应细、轻、准。

6. 加深

底稿完成后要仔细检查，准确无误后，按平面图形标注尺寸的方法引出尺寸界线和尺寸线，然后按不同线型加深图形。图线应浓淡均匀，切点准确光滑，直线棱角整齐。

7. 注写尺寸数字和文字说明，填写标题栏

注写的尺寸要字体工整，大小一致。标题栏要按国标要求书写长仿宋体字。

8. 检查

加深完毕再仔细检查，若没有错误，最后在标题栏内签上名字和日期。

第2章 正投影基础

在工程设计中常用各种投影方法绘制工程图样。本章主要介绍投影的基本概念、性质以及机械图样中常用的图示方法、三视图的形成及其投影规律。

2.1 投影法概述

2.1.1 投影概念

当物体受到光线照射时,会在地面或墙壁上产生影子,人们根据这一现象,经过几何抽象创造了投影法,并用它来绘制工程图样。将投射线通过物体,向选定的平面投射,并在该平面上得到图形的方法称为投影法。由投影法得到的图形称为投影图(投影),投影法中得到投影的平面称为投影面。

设空间有一平面 P 和不在 P 面上的一点 S,在 S 和 P 之间置一点 A,连接 SA 并延长交平面 P 于点 a。称 S 为投射中心,SA 为投射线,平面 P 为投影面,a 为空间点 A 在投影面 P 的投影,如图2.1所示。

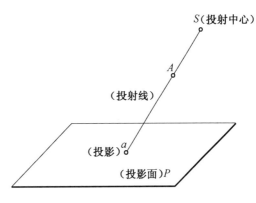

图2.1 投影概念

2.1.2 投影法分类

投影法一般可分为中心投影法和平行投影法两大类。

1. 中心投影法

投射线互不平行且交汇于一点的投影法称为中心投影法。如图2.2所示,在投影面 P 和点 S 之间置一几何图形 $\triangle ABC$,过 S 点引直线 SA、SB、SC,交 P 平面于 a、b、c,它们是 $\triangle ABC$ 的顶点在 P 平面的投影,连接 a、b、c 得 $\triangle abc$,称其为空间 $\triangle ABC$ 在 P 平面的投影。SA、SB、SC 为投射线,其交点 S 为投射中心。

2. 平行投影法

投射线互相平行的投影法称为平行投影法。如将

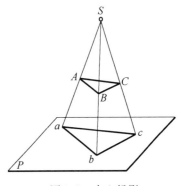

图2.2 中心投影

图 2.2 中投射中心 S 移至无穷远处,则所有投射线将由相交转化为平行,这种投影法称为平行投影法。投射线的方向 S 称为投射方向。投射方向 S 与投影面 P 可能斜交或垂直相交,故平行投影法又分为斜投影法和正投影法。

(1)斜投影法:如图 2.3 所示,投射方向 S 不垂直于投影面 P 的平行投影法称为斜投影法。

(2)正投影法:如图 2.4 所示,投射方向 S 垂直于投影面 P 的平行投影法称为正投影法。

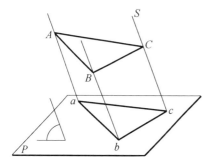

图 2.3　斜投影法

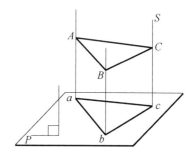

图 2.4　正投影法

中心投影法不能真实地反映物体的形状和大小,不适用于绘制机械图样。正投影法能表达物体的真实形状和大小,作图简单,所以机械图样广泛采用正投影法绘制。

2.1.3　正投影的基本性质

1. 显实性

平行于投影面的任何直线或平面,其投影反映线段的实长或平面的实形,如图 2.5 所示。

2. 积聚性

当直线或平面与投射方向一致时,其投影分别积聚为一点或一条直线,如图 2.6 所示。直线 AB 积聚成一点 $a(b)$,△CDE 积聚成一条直线 cde。

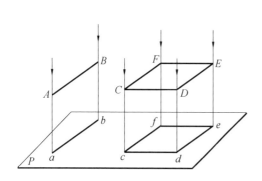

图 2.5　正投影的显实性

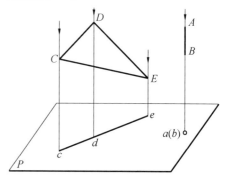

图 2.6　正投影的积聚性

3. 类似性

与投射方向不一致的任何平面图形,其投影与真实图形相仿,如图2.7所示。三角形的投影仍为三角形,四边形的投影还是四边形。

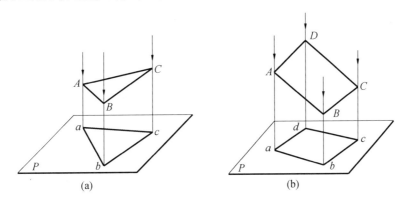

(a)　　　　　　　　　　(b)

图 2.7　正投影的类似性

2.2　三视图的形成及其特性

在机械制图中,通常假设人的视线为一组平行且垂直于投影面的投影线,这样在投影面上所得到的正投影称为视图,如图2.8所示。一般情况下,一个视图不能确定物体的形状。那怎样才能反映物体的完整形状呢?

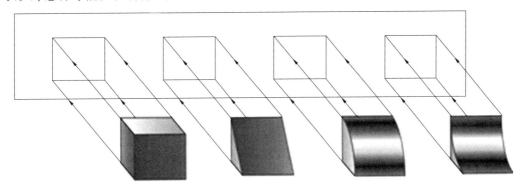

图 2.8　一面视图

只有增加由不同投影方向所得到的视图,才能将物体表达清楚,如图2.9所示。因此一般在机械制图中,选择三视图来表达机件结构。

三视图是多面视图,是将物体向三个相互垂直的投影面作正投影所得到的一组图形。下面将说明三视图的形成及其投影规律。

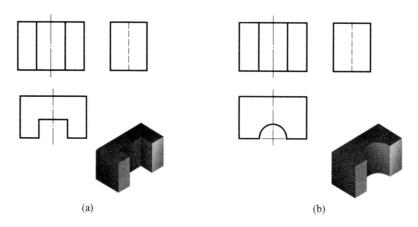

图 2.9　三面视图表形体

2.2.1　视图的形成

1. 三面投影体系的建立

　　三面投影体系是由三个互相垂直的平面 V、H、W 构成,如图 2.10 所示。其中,V 面称为正立投影面,简称正面;H 面称为水平投影面,简称水平面;W 面称为侧立投影面,简称侧面。OX 轴是正面与水平面的交线,OY 轴是水平面与侧面的交线,OZ 轴是正面与侧面的交线,OX 轴、OY 轴、OZ 轴称为投影轴;$O = V \cap H \cap W$,称为三面投影体系的原点。通常将三面投影体系简称为三面体系。

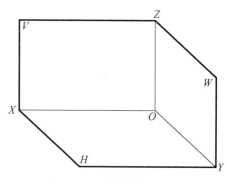

图 2.10　三面投影体系

2. 三视图的形成

　　(1) 投影的形成:将物体置于三面体系中,再用正投影法将物体分别向 V、H、W 投影面进行投射, 即得到物体的三个投影,如图 2.11 所示。将物体在 V 面的投影称为正面投影;在 H 面的投影称为水平投影;在 W 面的投影称为侧面投影。投影中物体的可见轮廓用粗实线表示,不可见轮廓用虚线表示。

　　(2) 投影面的展开:将物体从三面体系中移开,令正立投影面 V 保持不动,水平投影面 H 绕 OX 轴向下旋转 90°,侧立投影面 W 绕 OZ 轴向后旋转 90°,如图 2.12(a) 所示,使 V、H、W 三个投影面展开在同一平面内,如图 2.12(b) 所示。

　　在国家机械制图标准中规定物体的正面投影、水平投影、侧面投影分别称为主视图、俯视图、左视图,它与人们正视、俯视、左视物体时所见到的形象相当。由于物体的形状只和它的视图(主视图、俯视图、左视图)有关,而与投影面的大小及各视图与投影轴的距离无关,故在画物体三视图时不画投影面边框及投影轴,如图 2.13 所示。

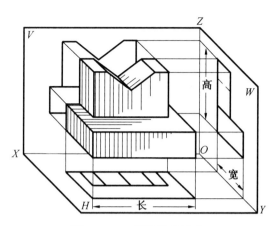

图 2.11　三面投影的形成

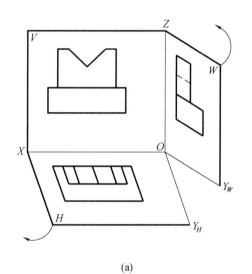

(a)

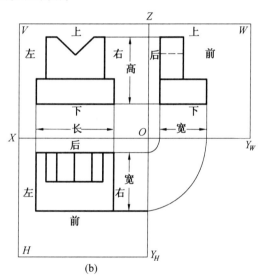

(b)

图 2.12　投影面的展开

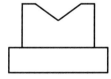

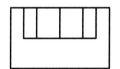

图 2.13　物体的三视图

2.2.2　三视图的特性

1. 三视图之间的相等关系

一般将 X 方向定义为物体的"长", Y 方向定义为物体的"宽", Z 方向定义为物体的"高",从图2.12(b)中可看出,主视图和俯视图同时反映了物体的长度,故两个视图长要对正;主视图与左视图同时反映了物体的高度,所以两个视图横向要对齐;俯视图与左视图同时反映了物体的宽度,故两个视图宽要相等。即:

(1)主、俯视图长对正。

(2)主、左视图高平齐。

(3)俯、左视图宽相等。

2. 三视图和物体之间的关系

从图2.12(b)中可以看出三视图和物体之间有以下关系:

(1)主视图反映了物体长和高两个方向的形状特征,包括上、下、左、右四个方位。

(2)俯视图反映了物体长和宽两个方向的形状特征,包括左、右、前、后四个方位。

(3)左视图反映了物体宽和高两个方向的形状特征,包括上、下、前、后四个方位。

注意:俯视图、左视图远离主视图的一面为物体的前面,靠近主视图的一面为物体的后面。

2.3　点的投影

2.3.1　点的三面投影

三面投影体系的建立如图2.14所示。空间点 A 位于 V 面、H 面和 W 面构成的三面投影体系中。由点 A 分别向 V、H、W 面作正投影,依次得点 A 的正面投影 a'、水平投影 a、侧面投影 a'',如图2.14(a)所示。

为使三个投影面展到同一平面上,现保持 V 面不动,使 H 面绕 OX 轴向下旋转到与 V 面重合,使 W 面绕 OZ 轴向后旋转到与 V 面重合,这样得到点的三面投影图,如图2.14(b)所示。在实际画图时,不画出投影面的边框,如图2.14(c)所示。在这里值得注意的是:在三面投影体系展开的过程中,Y 轴被一分为二。Y 轴一部分随着 H 面旋转到 Y_H 的位置,另一部分又随 W 面旋转到 Y_W 的位置,如图2.14(b)所示。因此点 a_Y 分为 a_{Y_H}(属于 H 面)和 a_{Y_W}(属于 W 面)。正面投影和水平投影、正面投影与侧面投影之间的关系符合两面体系的投影规律:$a'a \perp OX$, $a'a'' \perp OZ$,点的水平投影与侧面投影均反映点到 V 面的距离。由此概括出点在三面投影体系的投影规律:

(1)点的水平投影与正面投影的连线垂直于 OX 轴,即 $a'a \perp OX$。

(2)点的正面投影与侧面投影的连线垂直于 OZ 轴,即 $a'a'' \perp OZ$。

（3）点的水平投影到 OX 轴的距离等于点的侧面投影到 OZ 轴的距离，即 $aa_X=a''a_Z$。

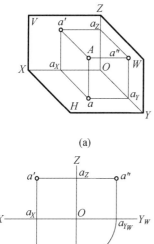
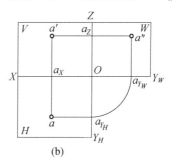
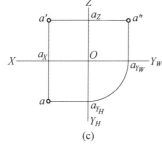

图 2.14　点的三面投影体系的建立

由此可概括点的投影特性如下：

（1）点的两面投影连线垂直于相应的投影轴，如 $a'a\perp OX$。

（2）影轴距等于点面距，即点的投影到投影轴的距离等于该点到相应投影面的距离，如 $aa_X=Aa'$，$a'a_X=Aa$。

2.3.2　点的投影与坐标

由于三面投影体系是直角坐标系，则其投影面、投影轴、原点分别可看作坐标面、坐标轴及坐标原点，这样，空间点到投影面的距离可以用坐标表示，即点 A 的坐标值唯一确定相应的投影。点 A 的坐标 (x,y,z) 与点 A 的投影 (a',a,a'') 之间有如下的关系：

（1）点 A 到 W 面的距离等于点 A 的 X 坐标：$a_Za'=a_{Y_H}a=a''A=X$。

（2）点 A 到 V 面的距离等于点 A 的 Y 坐标：$a_Xa=a_Za''=a'A=Y$。

（3）点 A 到 H 面的距离等于点 A 的 Z 坐标：$a_Xa'=a_{Y_W}a''=aA=Z$。

值得注意的是，因为每个投影面都可看作坐标面，而每个坐标面都是由两个坐标轴决定的，所以空间点在任一个投影面上的投影，只能反映其两个坐标，即：

（1）V 面投影反映点的 X、Z 坐标。

（2）H 面投影反映点的 X、Y 坐标。

（3）W 面投影反映点的 Y、Z 坐标。

如图 2.15（a）所示，点 A 属于 V 面，它的一个坐标为零，在 V 面上的投影与该点重合，在其他投影面上的投影分别落在相应的投影轴上。

投影轴上的点更为特殊，如图 2.15（a）所示的点 C，有两个坐标为零，在包含这条投影轴的两个投影面上的投影均与该点重合,另一投影落在原点上。

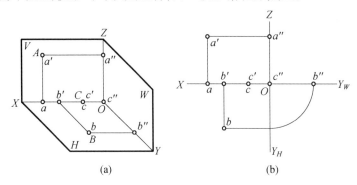

(a)　　　　　　　　　　　(b)

图 2.15　投影面和投影轴上的点

2.3.3　两点的相对位置

1. 两点的相对位置

空间两点的左右、前后和上下位置关系可以用它们的坐标大小来判断。

规定 X 坐标大者为左,反之为右;Y 坐标大者为前,反之为后;Z 坐标大者为上,反之为下。

由此可知图 2.16 中的点 A 与点 B 相比,A 在左、前、下的位置,而 B 则在点 A 的右、后、上方。

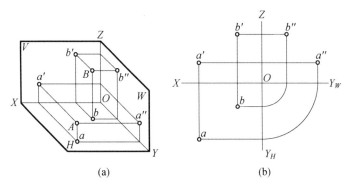

(a)　　　　　　　　　　　(b)

图 2.16　空间两点的位置关系

2. 重影点

如图 2.17 所示,A、B 两点位于垂直于 V 面的同一投射线上,这时 a'、b' 重合,A、B 称之为对 V 的重影点。同理可得对 H 及对 W 的重影点。

(1)对 V 的一对重影点是正前、正后方的关系。

(2)对 H 的一对重影点是正上、正下方的关系。

(3)对 W 的一对重影点是正左、正右方的关系。

其可见性的判断依据其坐标值:X 坐标值大者遮住 X 坐标值小者;Y 坐标值大者遮住 Y 坐标值小者;Z 坐标值大者遮住 Z 坐标值小者。被遮的点一般要在同面投影符号上加圆括号,以区别其可见性,如当 A 在前 B 在后可以表示成 $a(b)$。

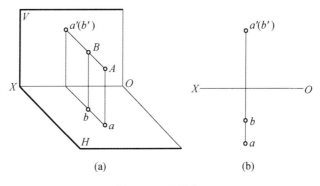

图 2.17　重影点

例 2.1　已知点 $A(15,16,12)$，求作其三面投影(图 2.18)。

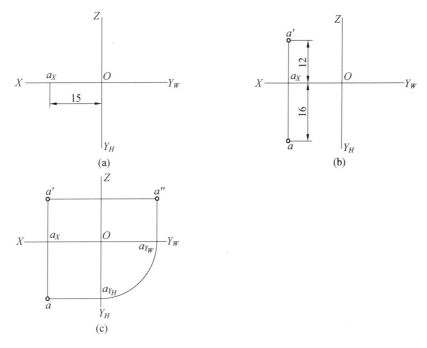

图 2.18　求作点的三面投影

分析：可按照点的投影与坐标的关系来作。

作图步骤如下：

(1)画坐标轴，并由原点 O 在 OX 轴的左方取 $x=15$ mm 得点 a_X(图 2.18(a))。

(2)过 a_X 作 OX 轴的垂线，自 a_X 起沿 Y_H 方向量取 16 mm 得点 a，沿 Z 方向量取 12 mm得 a'(图 2.18(b))。

(3)按点的投影规律作出 a''。

(4)擦去多余线条。

点的立体图画法如图 2.19 所示。

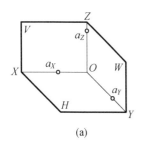
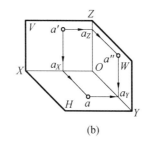
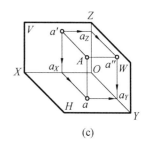

(a) 　　　　　　　　(b) 　　　　　　　　(c)

图 2.19　点的立体图画法

例 2.2　如图 2.20(a)所示,已知点 A 的 V 面投影 a' 和 W 面投影 a'',求其水平投影 a。

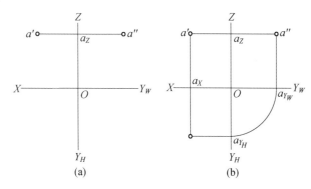

(a) 　　　　　　　　(b)

图 2.20　求点的第三投影

分析:可按照点的投影规律来作(图 2.20(b))。

作图步骤如下:

(1)过点 a' 作垂直于 OX 轴的直线。

(2)由点 a'' 作 Y_W 的垂线,垂足为点 a_{YW},再以原点 O 为圆心、Oa_{YW} 为半径,画圆弧交 Y_H 轴于 a_{YH},然后由点 a_{YH} 作 X 轴的平行线。

(3)过 a' 垂直于 X 轴的直线与过 a_{YH} 平行于 X 轴的直线的交点即为所求的水平投影 a。

(4)擦去多余线条。

2.4　直线的投影

根据"两点决定一条直线"的几何定理,在绘制直线的投影图时,只要作出直线上任意两点的投影,再将两点的同面投影连接起来,即得到直线的三面投影。如图 2.21 所示。

2.4.1　直线的投影特性

直线的投影特性是由其对投影面的相对位置决定的。

直线相对投影面的位置有三种情况:

(1)垂直于某一投影面且与另两投影面平行的直线,称为投影面垂直线。

（2）平行于某一投影面且与另两投影面倾斜的直线,称为投影面平行线。

（3）对三个投影面均倾斜的直线,称为一般位置直线。

空间直线与投影面 H、V 和 W 之间的倾角分别用 α、β、γ 表示,如图 2.21(c) 所示。

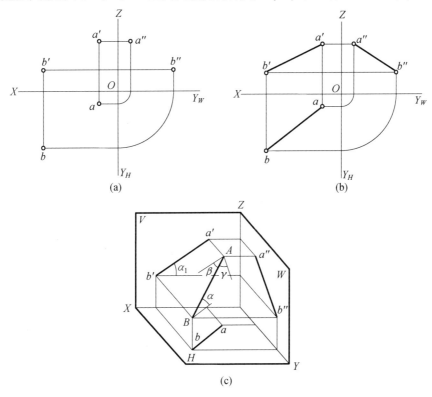

图 2.21 直线的三面投影画法

2.4.2 投影面的垂直线

投影面的垂直线分为三种:垂直于 H 面的直线称为铅垂线;垂直于 V 面的直线称为正垂线;垂直于 W 面的直线称为侧垂线,详细情况见表 2.1。

表 2.1 几何体表面的投影面垂直线

名 称	立体图	投影图
铅垂线 （⊥H 面）		

续表 2.1

名　称	立体图	投影图
正垂线 （⊥V面）	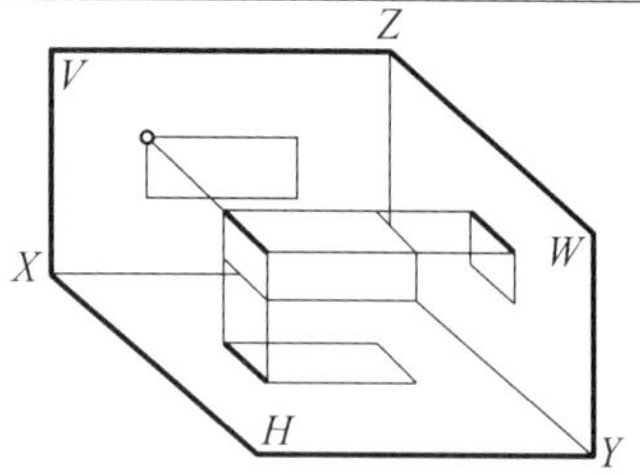	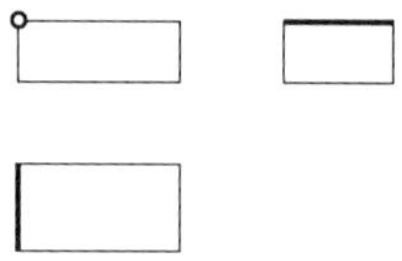
侧垂线 （⊥W面）	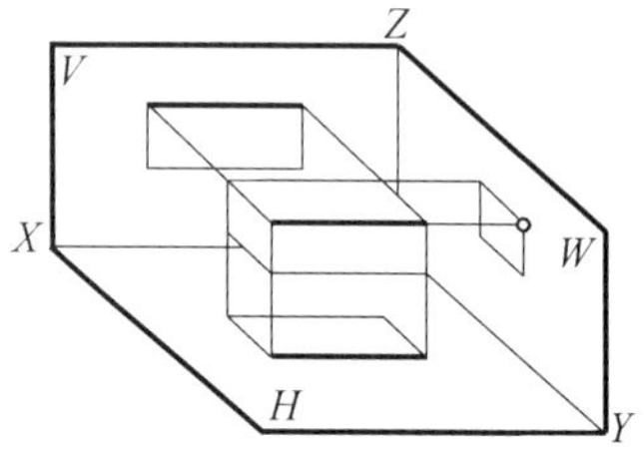	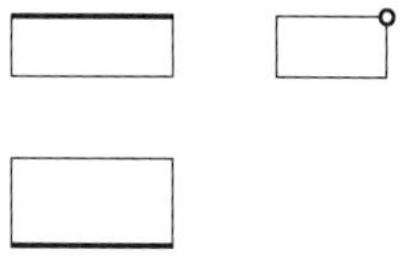

投影面垂直线的投影特性见表 2.2。

表 2.2　投影面垂直线的投影特性

名称	铅垂线（垂直于 H 面，平行于 V、W 面）	正垂线（垂直于 V 面，平行于 H、W 面）	侧垂线（垂直于 W 面，平行于 H、V 面）
立体图			
投影图			

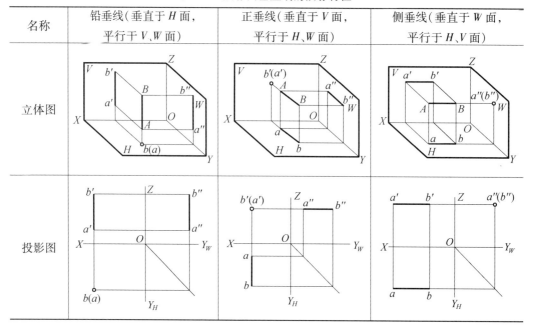

（1）在所垂直的投影面上的投影积聚为一点。

（2）在其他两个投影面上的投影分别平行于相应的投影轴，且反映实长。

2.4.3　投影面平行线

投影面的平行线分为三种：仅平行于 H 面的直线称为水平线，仅平行于 V 面的直线称为正平线，仅平行于 W 面的直线称为侧平线，详细情况见表 2.3。

表 2.3　几何体表面的投影面平行线

名　　称	立体图	投影图
水平线 （∥H面）	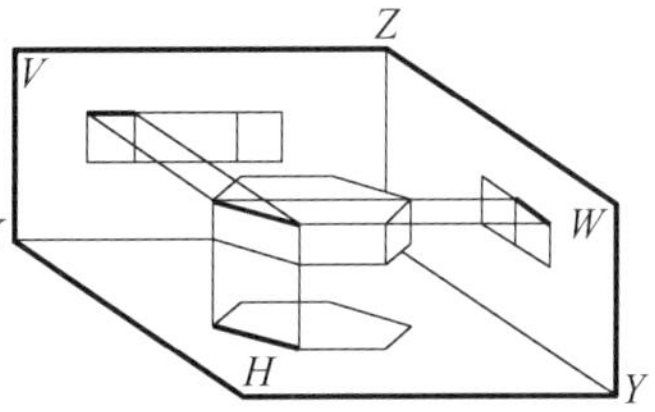	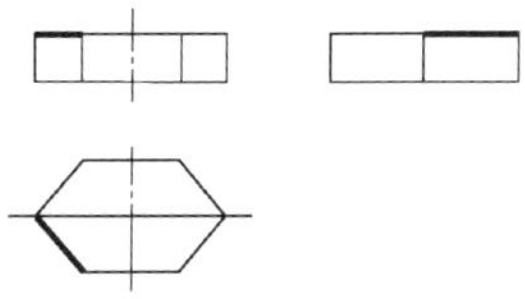
正平线 （∥V面）	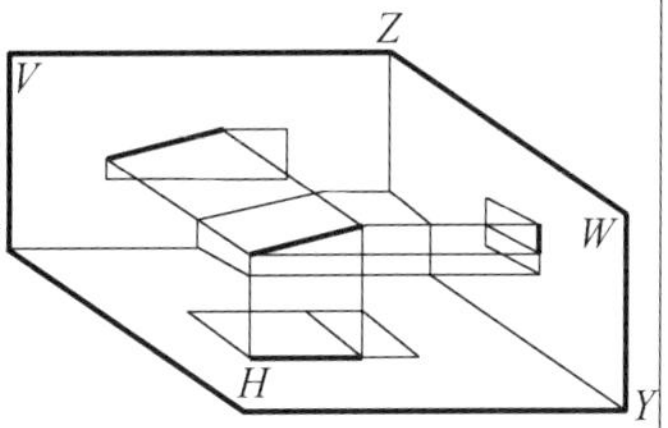	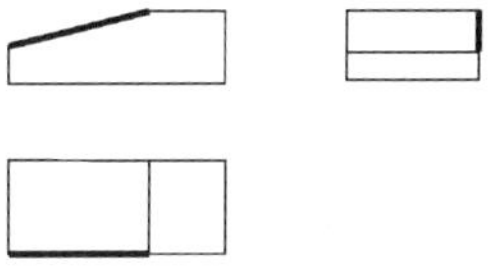
侧平线 （∥W面）	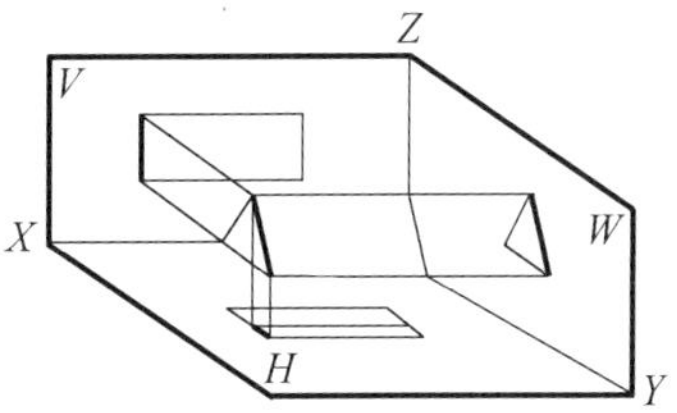	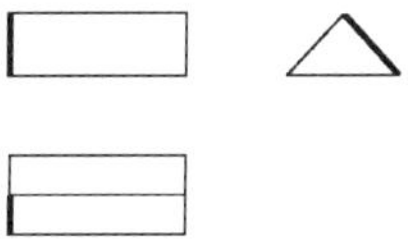

投影面平行线的投影特性见表 2.4。

表 2.4　投影面平行线的投影特性

名称	水平线（平行于 H 面， 倾斜于 V、W 面）	正平线（平行于 V 面， 倾斜于 H、W 面）	侧平线（平行于 W 面， 倾斜于 H、V 面）
立体图	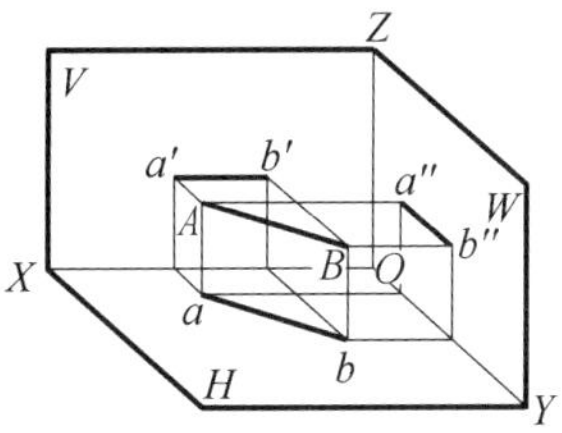	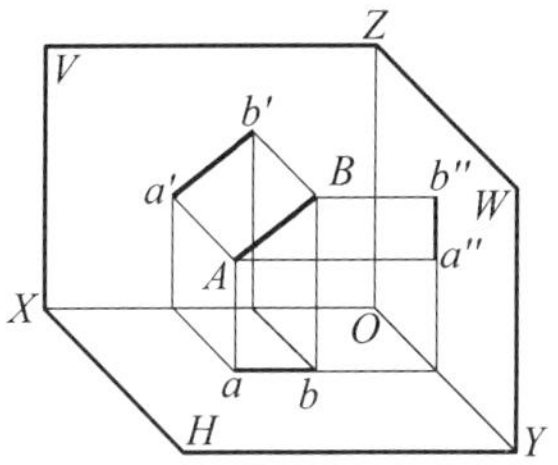	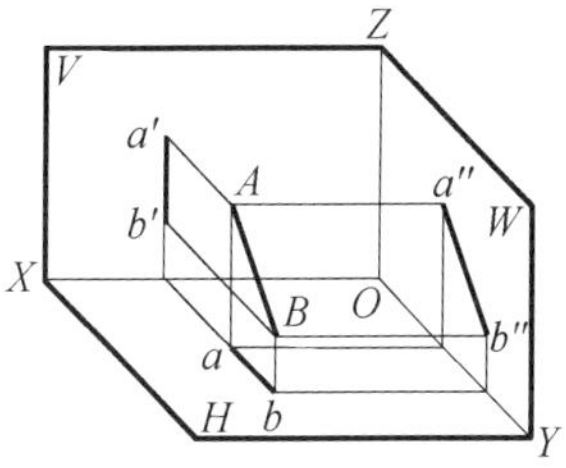
投影图	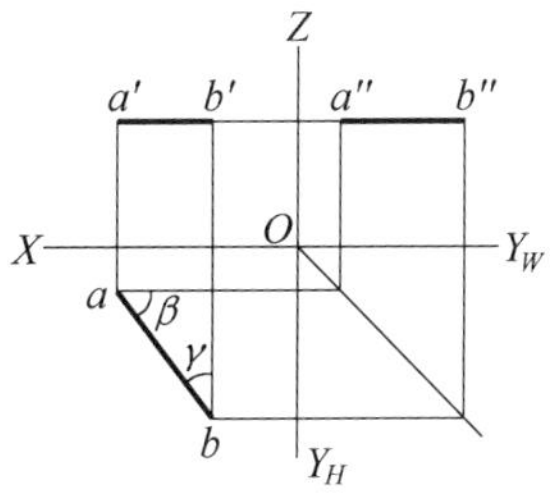	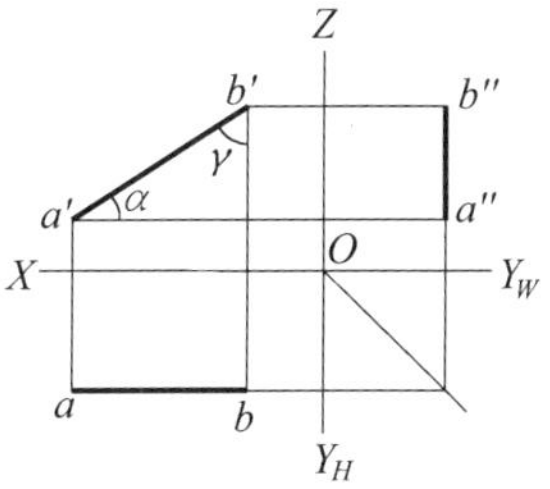	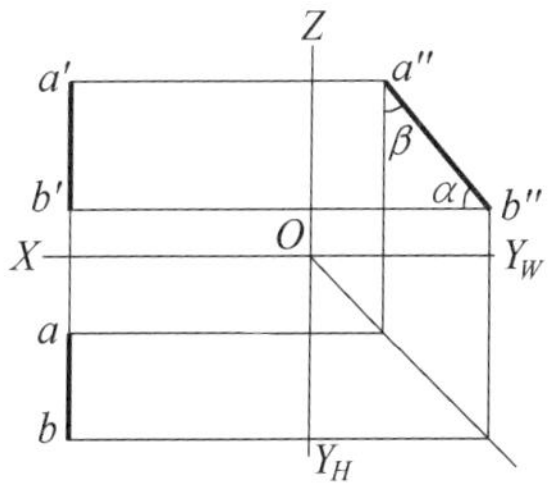

（1）在所平行的投影面上的投影为一段反映实长的斜线，并反映与其他两投影面的夹角。

（2）在其他两个投影面上的投影分别平行于相应的投影轴，长度缩短。

2.4.4　一般位置直线

一般位置直线的投影特性如图 2.22 所示。

（1）直线的三面投影 ab、$a'b'$、$a''b''$ 均小于实长。

（2）直线的三面投影 ab、$a'b'$、$a''b''$ 均倾斜于投影轴。

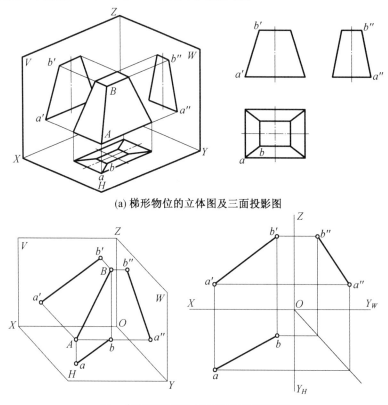

(a) 梯形物位的立体图及三面投影图

(b) 一般位置直线的立体图及三面投影图

图 2.22　一般位置直线投影

2.5　平面的投影

通常用一组几何元素的投影来表示空间一平面。其几何元素的形式如图 2.23 所示，可以是不在同一直线上的三点、直线与其线外一点、两平行直线、两相交直线及平面图形。

平面的三面投影是由轮廓线投影所组成的图形。在求作平面的投影时，可先求出它的各直线端点的投影；然后，连接各直线端点的同面投影，即得到多边形平面的三面投影，如图 2.24 所示。由此可见，平面图形的投影，实质上是以点的投影为基础而得到的。

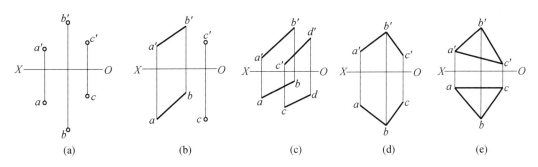

图 2.23　平面的几何元素表示

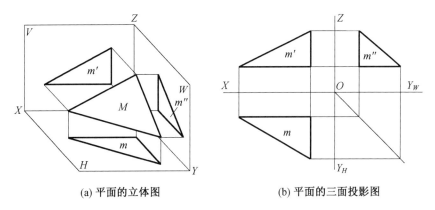

(a) 平面的立体图　　　　　　(b) 平面的三面投影图

图 2.24　平面的投影

2.5.1　平面的投影特性

平面的投影特性是由其对投影面的相对位置决定的。

平面对投影面的相对位置可以分为三种:投影面垂直面、投影面平行面和一般位置平面。

平面对投影面 H、V、W 的倾角依次用 α、β 和 γ 表示。

2.5.2　投影面垂直面

垂直于一个投影面而倾斜于另外两个投影面的平面称为投影面的垂直面。投影面垂直面分为铅垂面、正垂面和侧垂面三种,见表 2.5。

(1)铅垂面:垂直于 H 面的平面。

(2)正垂面:垂直于 V 面的平面。

(3)侧垂面:垂直于 W 面的平面。

表 2.5　体表面的投影面垂直面

名　称	立体图	投影图
铅垂面 （⊥H面）	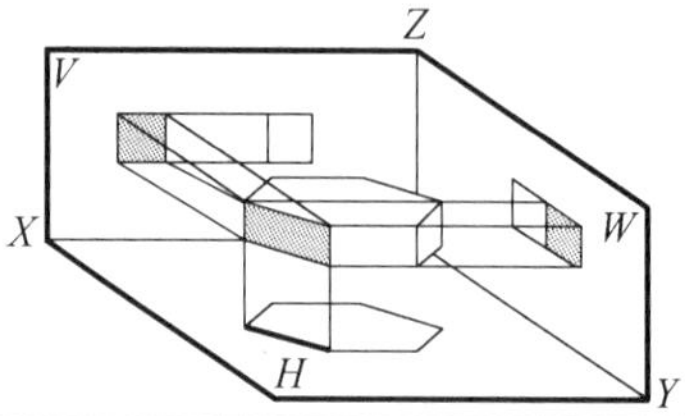	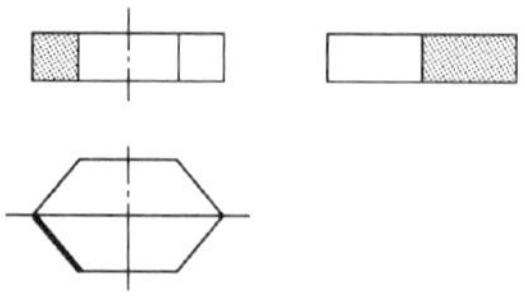
正垂面 （⊥V面）	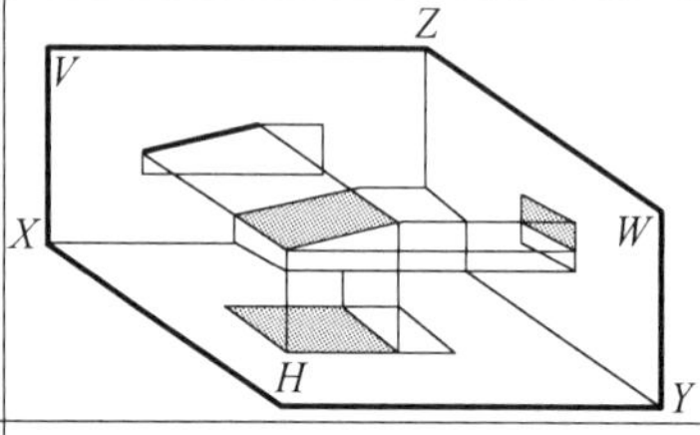	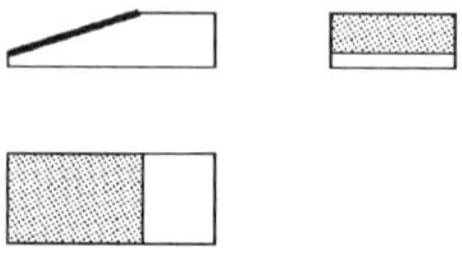
侧垂面 （⊥W面）	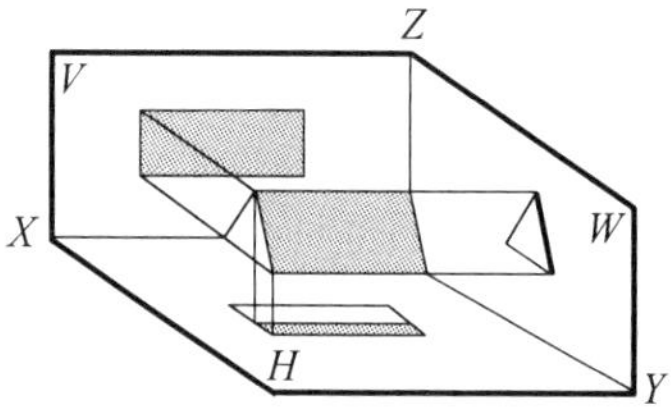	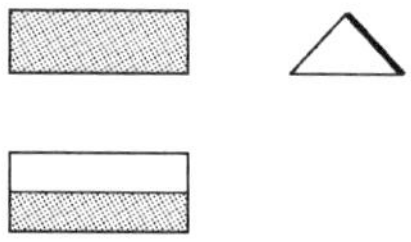

投影面垂直面的投影特性见表 2.6。

表 2.6　投影面垂直面的投影特性

名称	铅垂面（垂直于H、 倾斜于V、W）	正垂面（垂直于V、 倾斜于H、W）	侧垂面（垂直于W、 倾斜于H、V）
立体图			
投影图			

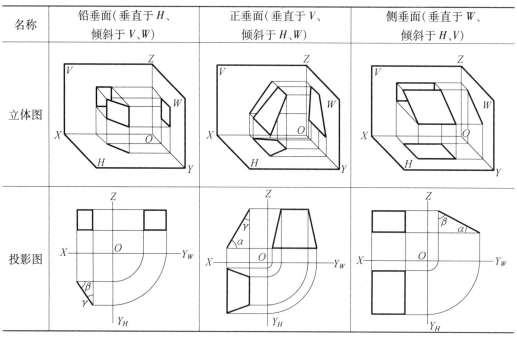

（1）在所垂直的投影面上的投影积聚为一段斜线。

（2）在其他两投影面上的投影均为缩小的类似形。

如图 2.25 是存在于形体上的垂直面。

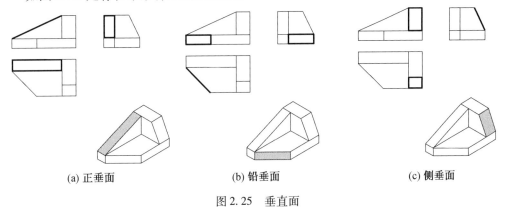

(a) 正垂面　　　　　　　(b) 铅垂面　　　　　　　(c) 侧垂面

图 2.25　垂直面

2.5.3　投影面平行面

平行于一个投影面并且垂直于另外两个投影面的平面称为投影面的平行面。投影面平行面分为水平面、正平面和侧平面三种,见表 2.7。

(1)水平面:平行于 H 面的平面。

(2)正平面:平行于 V 面的平面。

(3)侧平面:平行于 W 面的平面。

表 2.7　几何体表面的投影面平行面

名　称	立体图	投影图
水平面 (// H 面)		
正平面 (// V 面)		
侧平面 (// W 面)		

投影面平行面的投影特性见表 2.8。

表 2.8　投影面平行面的投影特性

名称	水平面（平行于 H 面，垂直于 V、W 面）	正平面（平行于 V 面，垂直于 H、W 面）	侧平面（平行于 W 面，垂直于 H、V 面）
立体图			
投影图			

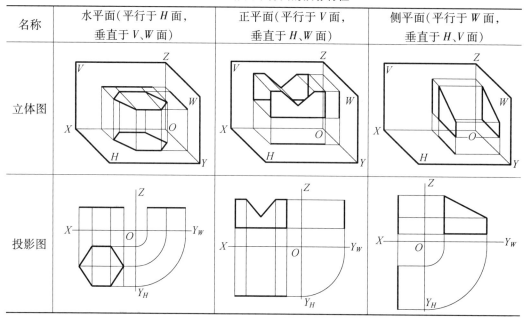

（1）在所平行的投影面上的投影反映实形。

（2）在其他两投影面上的投影分别积聚成直线，且平行于相应的投影轴。

图 2.26 是存在于形体上的平行面。

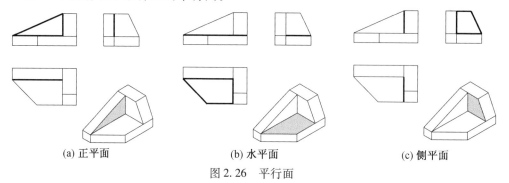

(a) 正平面	(b) 水平面	(c) 侧平面

图 2.26　平行面

2.5.4　一般位置平面

对三个投影面均处于倾斜位置的平面称为一般位置平面。它的三个投影与空间实形为类似形，但均小于实形。

一般位置平面的投影特性是：在三个投影平面上的投影，均是原平面的类似形，但面积缩小，不反应真实形状。

2.6　基本几何体

机器上的零件，由于其作用不同而有各种各样的结构形状，不管它们的形状如何复杂,都可以看成是由一些简单的基本几何体组合起来的。如图 2.27(a)所示,顶尖可看成是圆锥和圆台的组合;图 2.27(b)所示的螺栓可看成是圆台、圆柱和六棱柱的组合;图 2.27(c)所示的手柄可看成是圆柱、圆环和球体的组合等。

(a)顶尖　　　　　　　　(b)螺栓　　　　　　　(c)手柄

图 2.27　零件中的基本几何体

　　基本几何体是由一定数量的表面围成的。常见的基本几何体有:棱柱、棱锥、圆柱、圆锥、球体、圆环等,如图 2.28 所示。根据这些几何体的表面几何性质,基本几何体可分为平面立体和曲面立体两大类。

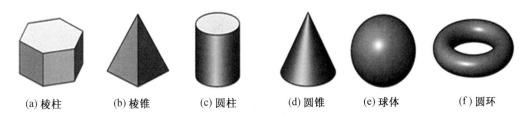

(a) 棱柱　　　(b) 棱锥　　　(c) 圆柱　　　(d) 圆锥　　　(e) 球体　　　(f) 圆环

图 2.28　常见的基本几何体

2.6.1　棱　　柱

　　棱柱可以看作一个平面多边形沿某一与其不平行的直线移动一段距离 L 形成的。由原平面多边形形成的两个相互平行的面称为底面,其余各面称为侧面。相邻两侧面交线称为侧棱,各侧棱相互平行且相等。侧棱垂直于底面的棱柱称为直棱柱,侧棱与底面倾斜的棱柱称为斜棱柱。

1. 棱柱分析

　　下面以正六棱柱为例进行分析。如图 2.29 所示为一正六棱柱,由上、下两个底面(正六边形)和六个棱面(矩形)组成。设将其放置成上、下底面与水平投影面平行,并有两个棱面平行于正投影面的位置。

2. 投影分析

　　如图 2.29 所示,竖直放置的正六棱柱,其上、下底面为水平面,六个侧面中正前、正后的两个侧面为正平面,其余四个侧面为铅垂面,六根侧棱为铅垂线。

　　根据不同位置表面的投影关系,分析如下:

　　(1)H 面投影:H 面的投影为正六边形,是六棱柱的形状特征图,该投影为上、下底面的实形,但下底面的投影不可见。六个边为六个侧面的积聚投影,六个顶点是六根侧棱的积聚点。

（2）V 面投影：V 面投影为三个并行放置的矩形，矩形的上、下两条水平边为上、下底面的积聚性投影，同理，上、下底面的 W 面投影亦为积聚直线，四条铅垂线为正六棱柱侧棱的投影。V 面投影中间的矩形为前、后正平面的实形，但后面的投影不可见，左、右两个矩形分别为左边两个铅垂面、右边两个铅垂面的投影，即类似形。

（3）W 面投影：W 面投影为两个并排放置的矩形，前、后两条铅垂线为前、后正平面的积聚性投影，中间的铅垂线为左、右边界侧棱的投影，前、后两个矩形是前、后四个铅垂面的投影，即类似形，其中右边的两个铅垂面不可见。

综上分析，棱柱的投影特点是：一个形状特征图，两个由实线构成的矩形。绘制棱柱的三视图时，首先绘制棱柱的形状特征图，然后根据高度并利用投影规律绘制其余两视图，并且要判别可见性。

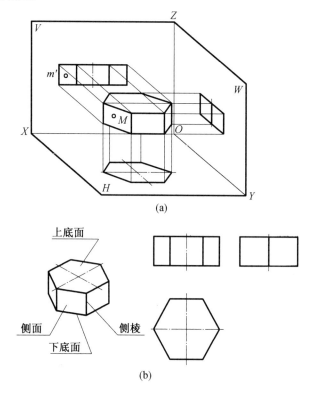

图 2.29　正六棱柱的视图

3. 正六棱柱三视图的作图步骤

正六棱柱三视图的作图步骤如图 2.30 所示。

4. 求棱柱表面上点

在立体表面上取点时，首先分析点所在面的可见性和积聚性。可见平面上的点的投影亦可见，反之不可见；积聚性投影面上的点的投影不需判断其可见性，均认为其可见。

例 2. 3　如图 2.31 所示，已知棱柱表面上的点 M，其正面投影位置 m' 已知，求 m 和 m''。

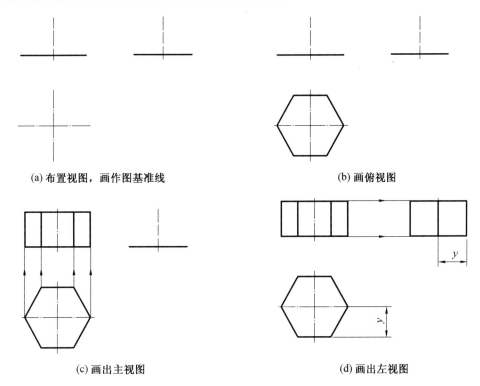

(a) 布置视图，画作图基准线　　　　　　　　　　(b) 画俯视图

(c) 画出主视图　　　　　　　　　　　(d) 画出左视图

图 2.30　正六棱柱三视图的作图步骤

分析：由于 m' 可见，且在左边的矩形区域内，所以，点 M 必定位于六棱柱前半部的铅垂面 $ABCD$ 上，那么点 M 的其余两投影就在铅垂面 $ABCD$ 相对应的投影上。

作图步骤为：六棱柱前半部的铅垂面 $ABCD$ 的水平投影为积聚直线 $abcd$，即 m 点必然在其上，且可见，然后根据 m、m' 点的投影特性求出 m''。

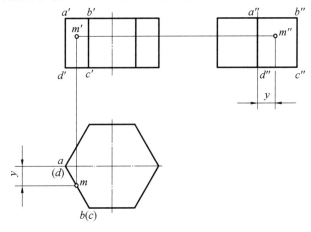

图 2.31　柱表面取点

2.6.2　棱　锥

1. 棱锥

棱锥可以看作一个平面多边形沿某一不与其平行的轴线移动,同时多边形的面积逐渐缩小为零而形成的。生成棱锥的平面多边形称为底面,其余各平面称为侧面,侧面交线称为侧棱。棱锥的特点是所有侧面均为三角形,侧棱交于顶点。

2. 棱锥的投影分析

如图 2.32 所示,正三棱锥顶点为 S,其底面 $\triangle ABC$ 为水平面,侧面 $\triangle SAC$ 和 $\triangle SBC$ 为一般位置面,侧面 $\triangle SAB$ 为侧垂面。

(1)H 面投影:H 面投影为正三角形,反映底面三角形的实形,其三个边是底面三角形的三个边;三个小三角形分别是三棱锥侧面类似形投影,其三个边是三棱锥侧棱的投影。

(2)V 面投影:V 面投影中的大三角形线框是侧面 $\triangle SAB$ 的投影,其投影不可见,左右两个小三角形是前面的两个侧面投影均为类似形,底面 $\triangle ABC$ 的投影为积聚直线 $a'c'b'$,两个小三角形的三个边是三个侧棱的投影。

(3)W 面投影:W 面投影中底面 $\triangle ABC$ 为积聚投影 $a''(b'')c''$,侧面 $\triangle SAB$ 的投影为积聚直线 $s''a''(b'')$,其余两侧面投影为类似形,其中侧面 $\triangle SBC$ 的投影不可见,$s''c''$是侧棱 SC 的投影。

综上分析,棱锥的投影特点为:一个由多边形组成的形状特征图反映棱锥底面形状,其余两投影是由实线、虚线构成的三角形反映的侧面投影。绘制棱锥的三视图时,先绘制出其底面多边形的投影,再根据锥顶的高度和投影规律作出其余两视图,并判别可见性。

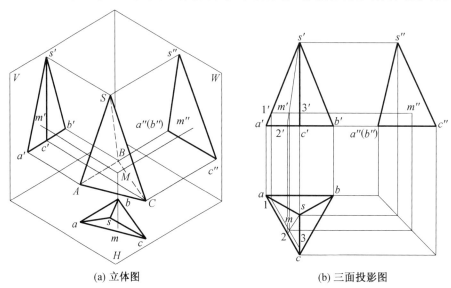

(a) 立体图　　　　　　　　　　(b) 三面投影图

图 2.32　正三棱锥的投影

3. 棱锥表面的点

如果某点在棱线上,则其投影必在该棱线对应的投影上;如果点所在的平面具有积聚性,则点的投影必然在该平面的积聚直线上;如果点所在的平面为一般位置面,可以通过在该平面上作辅助线的方法求得。

例 2.4　如图 2.32 所示,M 点在棱锥表面上。已知其正面投影 m',求 m 和 m''。

分析:由于 m' 所在的侧面 SAC 为一般位置平面,没有积聚性投影,面上求点可以通过借助辅助线求。

作图步骤:

方法一:首先过点 s'、m' 作辅助线交 $a'c'b'$ 线于 $2'$ 点,求得 $2'$ 点在俯视图上的投影 2 点,根据 m 点必然在 $s2$ 直线上求出 m 点,由于 M 在左侧面上,所以其俯视图投影可见,然后根据三视图的投影规律求出左视图投影 m'' 即可。

方法二:过 m' 作平行于底边的直线 13,利用平行线的投影规律求解(具体作图见图 2.32)。

2.6.3　圆　　柱

1. 圆柱的形成

圆柱表面由圆柱面和上、下两底平面(圆形)围成。而圆柱面可以看作一条与轴线所平行的直母线围绕轴线旋转而成。圆柱面上任意一条平行于轴线的直线,称为圆柱面的素线。在投影图中处于轮廓位置的素线,称为轮廓素线(或称为转向轮廓线)。

2. 圆柱的投影分析

圆柱体有圆柱面、顶面和底面组成。当圆柱体的轴线垂直于水平面时,其顶面、底面为水平面,而圆柱面上所有的素线均是铅垂线,如图 2.33 所示。

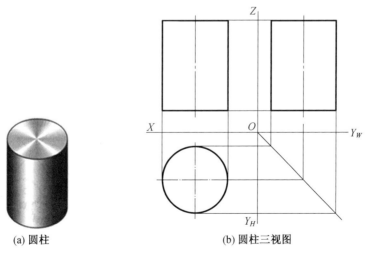

(a) 圆柱　　　　　　　(b) 圆柱三视图

图 2.33　圆柱及其三视图

(1)H 面投影:H 面的投影为圆,反映顶面、底面的实形,其中底面投影不可见。圆柱面所有素线的俯视图投影都是积聚点,所以 H 面的投影圆又是圆柱面的积聚投影。

（2）V 面投影：V 面投影为圆柱面正面轮廓的投影，为矩形。如图 2.34 所示，矩形的上、下边分别是顶面、底面的积聚投影，即圆柱体直径，矩形的左、右边为圆柱面上最左、最右轮廓素线 AA_1 和 BB_1 的投影，AA_1 和 BB_1 是主视方向可见部分（前半个圆柱面）和不可见部分（后半个圆柱面）的分界线。AA_1 和 BB_1 的 H 面投影积聚在圆周的最左点 $a(a_1)$ 和最右点 $b(b_1)$；其侧面投影 $a''a_1''$ 和 $b''b_1''$ 与圆柱轴线的侧面投影重合，省略不画。

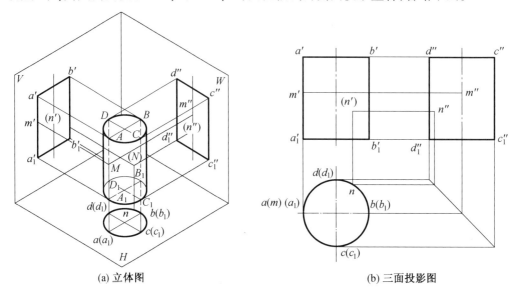

(a) 立体图　　　　　　　　　　　(b) 三面投影图

图 2.34　圆柱表面的点

（3）W 面投影：W 面投影为圆柱面侧面轮廓的投影，为矩形。矩形的上、下直线亦分别是顶面、底面的积聚投影。圆柱面上最前、最后两条素线 CC_1 和 DD_1 是左视方向可见部分（左半个圆柱面）和不可见部分（右半个圆柱面）的分界面，而这两条 W 面转向轮廓的水平投影积聚在圆周的最前点 $c(c_1)$ 和最后点 $d(d_1)$；其正面投影 $c'c_1'$ 和 $d'd_1'$ 与圆柱体轴线的正面投影重合，亦省略不画。

3. 圆柱表面的点

例 2.5　图 2.34 所示圆柱面上两点 M 和 N，已知其正面投影 m' 和 n'，求水平面投影和侧面投影。

分析：因为图中 M 点在最左素线 AA_1 上，所以 M 是特殊点。因为 n' 不可见，所以 N 在后半个圆柱面上。

作图步骤为：利用圆柱面的水平投影有积聚性，可由 m' 直接找到 m，由于 M 点在最左素线 AA_1 上，该素线的侧面投影与轴线重合，再根据投影规律找出 m''。同理，由 n' 直接得出 n，然后根据三视图的投影规律求得 n''。

2.6.4　圆　　锥

1. 圆锥的形成

圆锥体的表面是由圆锥面和圆形底面围成的，而圆锥面可看作是由直母线绕与它斜交的轴线旋转而成的,如图 2.35 所示。

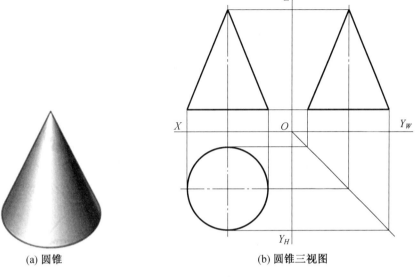

(a) 圆锥　　　　　　　　　　(b) 圆锥三视图

图 2.35　圆锥及其三视图

2. 圆锥的投影分析

如图 2.36 所示的水平放置的圆锥体,其底面为水平面,圆锥面为一般曲面。

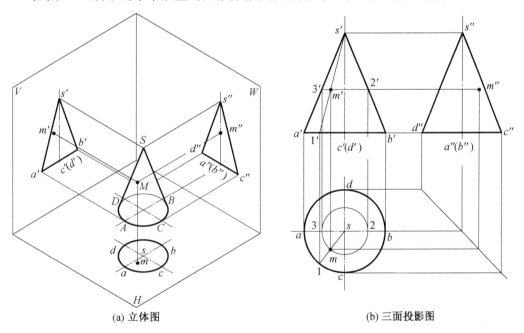

(a) 立体图　　　　　　　　　　(b) 三面投影图

图 2.36　圆锥体的三视图

(1) H 面投影:H 面的投影为圆,是圆锥体的形状特征图,该投影反映底面的实形,但不可见;圆锥面投影为圆内区域且可见,圆心是锥顶的投影,圆锥面上的特殊素线投影与圆的对称中心线重合。

（2）V 面投影：V 面投影为等腰三角形,反映圆锥面的正面投影,三角形的底边反映圆锥体底面的积聚投影。圆锥面 V 面转向轮廓线(最左、最右两条素线 SA、SB)的正面投影,即 s'a'、s'b',也是圆锥面在正面投影中可见部分(前半个圆锥面)和不可见部分(后半个圆锥面)的分界线。SA、SB 的水平投影 sa、sb 与圆锥水平投影(圆)的水平对称中心线重合,省略不画;其侧面投影 s''a''、s''b''与圆锥轴线的侧面投影重合,也省略不画。

（3）W 面投影：W 面投影为等腰三角形,反映圆锥面的侧面投影,三角形的底边反映圆锥体底面的积聚投影。圆锥面 W 面转向轮廓线(最前、最后两条素线 SC、SD)的侧面投影,即 s''c''、s''d'',也是圆锥面投影中可见(左半个圆锥面)和不可见(右半个圆锥面)的分界线。SC、SD 的正面投影与圆锥轴线的正面投影重合,省略不画;其水平投影与圆锥水平投影的垂直对称中心线重合,也省略不画。

综上分析,圆锥体的投影特点为：一个反映圆锥体底面特征的圆,两个反映圆锥体锥面的等腰三角形。绘制圆锥体的三视图时,首先绘制圆锥体的形状特征图;然后根据高度及投影规律分别绘制其余两视图。

3. 圆锥表面上的点

例 2.6　如图 2.36 所示圆锥面上的点 M,其主视图投影位置 m'已知,求侧面投影 m''和水平投影 m 的位置。

分析：根据正面投影求水平投影,可以采用两种方法：一是素线法,由于圆锥面上所有的素线投影均对应圆上一半径,此时过 m 点作一素线交底面圆积聚投影 a'b'于 1'点,根据投影规律找出素线 s'1'对应的水平投影 s1,然后根据主、俯视图"长对正"求出 m 点。二是纬圆法,在圆锥体上过 M 点作垂直于轴线的圆,其正面投影积聚为 2'3',水平投影为一个以 s 为圆心、s2 为半径的圆,在该圆上根据主、俯视图长对正求出 m 点;然后根据投影规律求出第三点 m''。

2.6.5　基本几何体的尺寸标注

任何物体都具有长宽高三个方向的尺寸。在视图上标注基本几何体的尺寸时,应将三个方向的尺寸标注齐全,既不能少,也不能重复和多余,如图 2.37 所示。

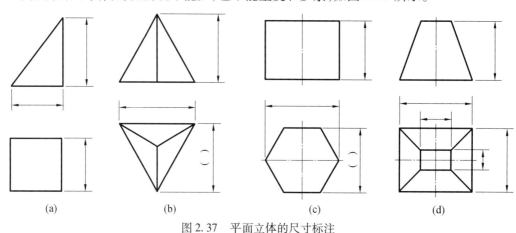

|(a)|(b)|(c)|(d)|

图 2.37　平面立体的尺寸标注

对曲面立体只需标出径向、轴向两个尺寸即可,如图 2.38 所示。

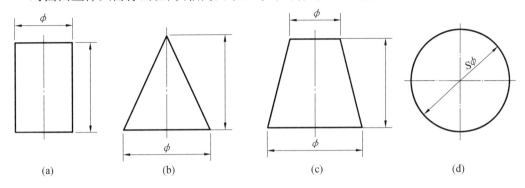

(a)　　　　　　　　(b)　　　　　　　　(c)　　　　　　　　(d)

图 2.38　曲面立体的尺寸标注

第3章 立体的表面交线及轴测图

3.1 截 交 线

3.1.1 截交线概述

由平面截切立体所形成的表面交线称为截交线,该平面称为截平面。如图3.1所示,截交线的形状虽有多种,但均具有以下两种基本特性:

(1)共有性:截交线是截平面和立体表面上的共有线,既在立体表面上又在截平面上。因此,截交线上的点是截平面和立体表面的共有点,只需求出截平面与立体表面的共有点,光滑连接得到共有线即得截交线。

(2)封闭性:由于立体占据有限的空间范围,所以截交线一般是封闭的线框。利用此性质可以避免漏画截交线,保证所有截交线全部作出。

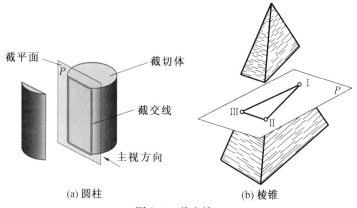

(a) 圆柱 (b) 棱锥

图3.1 截交线

3.1.2 平面立体的截交

平面截平面立体,截交线是一个封闭的平面多边形。多边形的顶点为截平面与平面立体棱线的交点,多边形的边为截平面与平面立体棱面的交线。因此,求截交线的实质就是求截平面与立体表面共有点的问题。求平面立体截交线,首先求得截平面与平面立体各棱线的交点,然后依次相连。

1. 三棱锥的截切

例3.1 已知三棱锥被正垂面P所截,求截交线的投影(图3.2)。

分析:由图3.2(a)可知,截平面P与三棱锥的三个棱面都相交,截交线为三角形。由于截平面P是正垂面,V面投影有积聚性,故三条棱线与正垂面P的交点 I、II、III 的V面投影可直接得出,即截交线的 V 面投影应在 P_V 上,由此可求出截交线的水平投影。

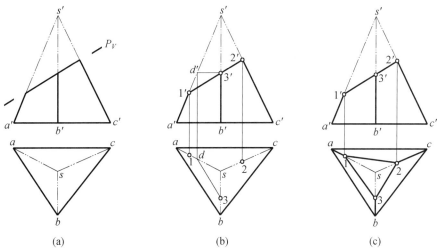

图 3.2　三棱锥与正垂面相交

作图步骤如下:

(1)求交点:利用 P_V 的积聚性和点线从属关系可直接求出 Ⅰ 和 Ⅱ 点的水平投影 1 和 2。而侧平线 SB 上的交点Ⅲ的水平投影 3,可通过 SAB 棱面上的一条水平线ⅢD 求出(图 3.2(b))。

(2)连点:把位于同一棱面上的两交点依次连接,可得截交线的水平投影△123。

(3)可见性:截交线的可见性根据它所在立体表面的可见性来判断。由于三棱锥三个棱面的水平投影皆为可见,故△123 各边均可见(图 3.2(c))。

(4)整理完成投影图:即加深 a1、b3、c2 线段。

2.六棱柱的截切

例 3.2　如图 3.3 所示六棱柱,被正垂面 P 截切,试画出六棱柱被截切后的侧面投影。

分析:根据六棱柱被正垂面 P 截切的相对位置可知截交线为六边形,其六个顶点是截平面 P 与各棱线的交点,其六条边是截平面 P 与棱面的交线。截平面的正面投影具有积聚性,可直接求出各交点的正面投影,进而求得各交点水平投影和侧面投影,依次连接六个交点的同面投影,即为所求截交线投影,如图 3.3(c)所示。

作图步骤如下:

(1)求截平面与六棱柱各棱线交点的各面投影。首先在截平面具有积聚性的投影面上找出六棱柱各棱线与截平面 P 交点的投影,截平面 P 在投影面的投影积聚为一条直线,在投影面中可直接求得这些点的投影 1′、2′、3′、4′、5′、6′。然后在六棱柱具有积聚性的投影面上找出各交点的投影,六棱柱的各棱线在水平投影面中积聚为一个点,各交点在棱线上,很容易就找出了各交点的水平投影 1、2、3、4、5、6。最后根据投影关系作出侧面投影 1″、2″、3″、4″、5″、6″。

(2)判别可见性并连线。截交线上的侧面投影 1″、2″、3″、4″、5″、6″均可见,故用实线连

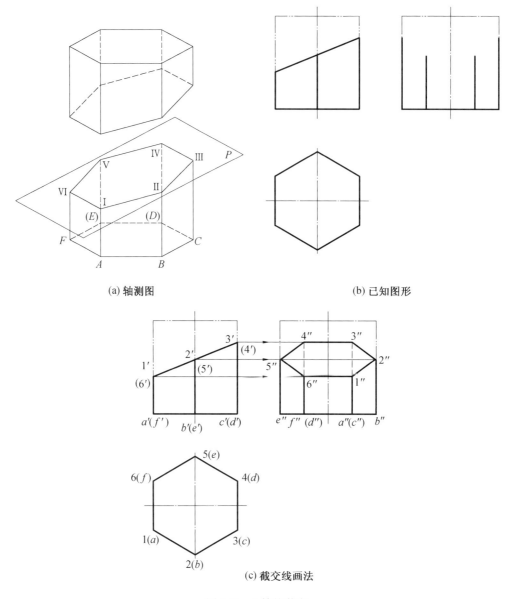

(a) 轴测图   (b) 已知图形

(c) 截交线画法

图 3.3 六棱柱截交

接各点的同面投影,可得截平面 P 与六棱柱的截交线的投影为一六边形。

(3)整理图形。擦去不要的棱线,被遮挡的棱线应画虚线。

例 3.3 完成带缺口正四棱锥的水平及侧面投影(图 3.4(a))。

分析:从给出的正面投影可知,缺口正四棱锥是由水平面 R 和正垂面 P 共同切割四棱锥而成。四棱锥与平面 R 的截交线为各边与底边平行的正方形;与平面 P 的截交线为五边形,其中 III VII、IV VIII 两边与棱线 SC 平行。SC 棱不参与相交(图 3.4(b))。

作图步骤如下:

(1)求平面 R 的截交线:由 1′求得 1;过 1 作 12∥ab,23∥bc,54∥dc,15∥ad;由 1′2′、

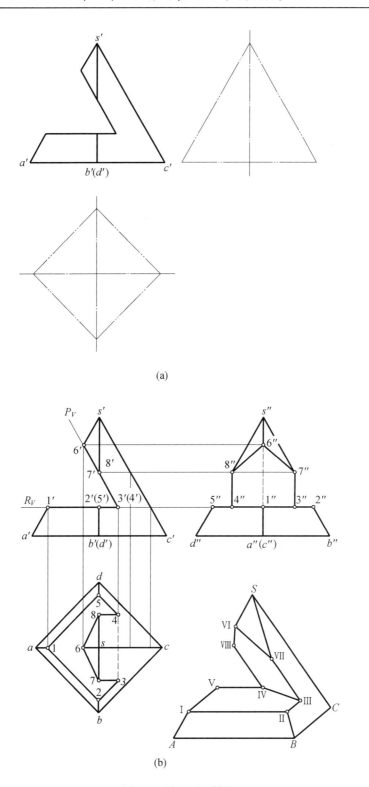

(a)

(b)

图 3.4 缺口正四棱锥

$2'3'$、$1'5'$、$5'4'$及12、23、15、54求得$1''2''$、$2''3''$、$1''5''$、$5''4''$。

（2）求平面P的截交线：由Ⅵ、Ⅶ、Ⅷ三点的正面投影$6'$、$7'$、$8'$可知，它们分别属于SA、SB、SD棱线上的点，根据点、线的从属关系，求得它们的其余两投影，并根据连点原则，将Ⅲ Ⅶ、Ⅶ Ⅵ、Ⅵ Ⅷ、Ⅷ Ⅳ的同面投影依次相连。

（3）求两截平面的交线：连接Ⅲ Ⅳ两点即得两截平面的交线。

（4）可见性：因四棱锥正放，且缺口向左，故截交线的水平投影和侧面投影皆可见。

（5）整理完成投影图：将参与相交的SA、SB、SD棱线分别画至各交点，画全不参与相交的SC棱线，SC棱线的侧面投影不可见应画成虚线，与可见线段$s''6''$、$1''a''$重合部分仍以粗实线表示。

例 3.4 已知带缺口四棱锥台的正面投影,完成其水平及侧面投影(图3.5(a))。

分析：如图3.5(a)所示的缺口,可看作是由一个水平面和两个侧平面截切后形成的,如图3.5(c)所示。水平面截切后的截交线为矩形,它的水平投影反映实形,侧面投影积聚成一直线。两个侧平面截切后的截交线为梯形$ABCD$,侧面投影反映实形,它的水平投影积聚成一直线。侧平面和水平面的交线AB为正垂线,且侧面投影不可见。

作图的详细步骤如图3.5(b)所示。

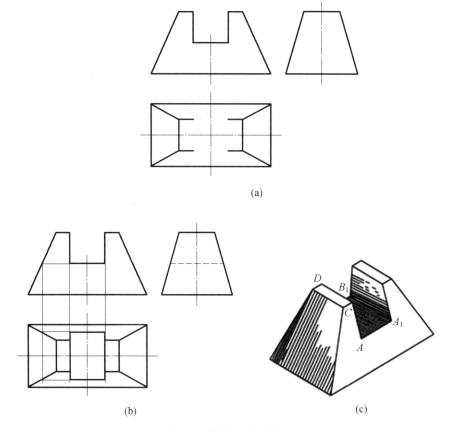

(a)

(b)　　　　　　(c)

图3.5　带缺口的四棱台

3.1.3　曲面立体的截交

平面与回转体相交时,截交线通常是一条封闭的平面曲线,特殊情况也可能是由直线和曲线或完全由直线所围成的平面图形。如图 3.6(a)所示的顶尖头部和图 3.6(b)所示接头的槽口和凸榫。截交线形状取决于曲面立体表面的性质及截平面与曲面立体的相对位置。

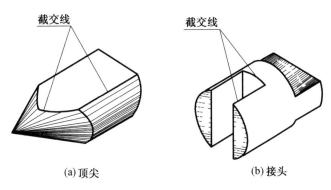

(a)顶尖　　　　　　　　　　　　　　　(b)接头

图 3.6　平面与回转体表面相交

研究平面与回转体相交问题,主要是在给定回转体和截平面的情况下,如何求作截交线的问题。因为截交线是截平面和回转体表面的共有线,截交线上的点也都是它们的共有点。所以,求作截交线又可归结为求截平面与回转体表面共有点的问题。求作截交线的方法为体表面取点、线法,即当截平面为垂直位置时,截交线的一个投影就随截平面而积聚,可用在回转体表面取点和线的方法求作截交线。

在具体作图时,为了更准确地绘制截交线的投影和判别其可见性,还应求出截交线各投影中的特殊点。例如,曲面立体在各相应投影中转向轮廓线上的点;最高、最低点;最左、最右点以及最前、最后等点。

求曲面立体截交线的一般步骤如下:

(1)根据给出截平面和曲面立体的特点分析截交线的形状,确定解题的方法。

(2)按特殊点、一般点的次序求出属于截交线上足够多的点。

(3)依次连接所求各点,并判别截交线在各投影中的可见性。

(4)完整曲面立体被截后的转向轮廓线在相应投影面中的投影。

下面分别就平面与圆柱、圆锥的相交问题予以说明。

1. 平面与圆柱相交

根据截平面与圆柱体相对位置的不同,平面截圆柱所得截交线可能是椭圆、圆或矩形三种情况,如图 3.7 所示。

下面举例说明如何在投影图中作圆柱截交线的方法。

例 3.5　已知圆柱被截切后的水平投影和正面投影,求作其侧面投影(图 3.8(a))。

分析:因圆柱轴线垂直于 H 面,其水平投影有积聚性,截平面 P 是正垂面,与圆柱轴线斜交,交线应为椭圆。其正面投影与 P 面具有积聚性的正面投影重合,是一段直线;其

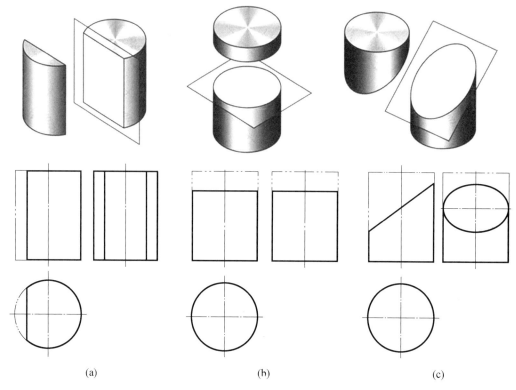

图 3.7　圆柱的截切

水平投影与圆柱面具有积聚性的投影重合,是一个圆。这表明截交线的两个投影已知,故用正面、水平投影可求其侧面投影。由于截交线可看作一系列点的集合,故作出其上一系列的点的投影,然后依次用曲线光滑相连即可得出截交线的投影。

作图步骤如下:

(1)作出截割前圆柱的侧面投影(图 3.8(b))。

(2)求特殊点:由正面投影中 a'、b'、c'、d' 可直接在侧面投影中定出 a''、b''、c''、d''。A、B 两点是截交线上的最高、最低点,由于截平面与圆柱底面的夹角小于 45°,$a''b''$ 成为截交线侧面投影椭圆的短轴。C、D 两点是截交线上的最前和最后点,$c''d''$ 成为截交线侧面投影椭圆的长轴,c'' 和 d'' 也是侧面投影中圆柱转向轮廓素线的终止点(图 3.8(c))。

(3)求一般点:为使作图准确,需要再求出截交线上若干个一般点。为此,可先在正面投影中取点,如 $1'$、$2'$,找出它们的水平投影 1、2,然后确定 $1''$、$2''$,如图 3.8(d)所示。

(4)连点:作出足够数量的点后,在侧面投影上依次连接 $a''-1''-c''-3''-b''-4''-d''-2''-a''$ 各点,即为椭圆形截交线的侧面投影。加深所需的线条,即得出所求的投影。

还应指出当截平面与圆柱轴线夹角为 45°时,$a''b''=c''d''$,侧面投影为圆。

例 3.6　求作如图 3.9 所示联轴节接头,圆柱被截切后的截交线。

(1)圆柱上端被左右两个平行于轴线的对称侧平面 P 和一个垂直于轴线的水平面 R 截切;下端被两个平行于轴线的对称侧平面 T 和一个垂直于轴线的水平面 S 截切。平面 P 和 T 与圆柱的截交线是矩形;平面 R 和 S 与圆柱的截交线是圆。故联轴节接头表面的

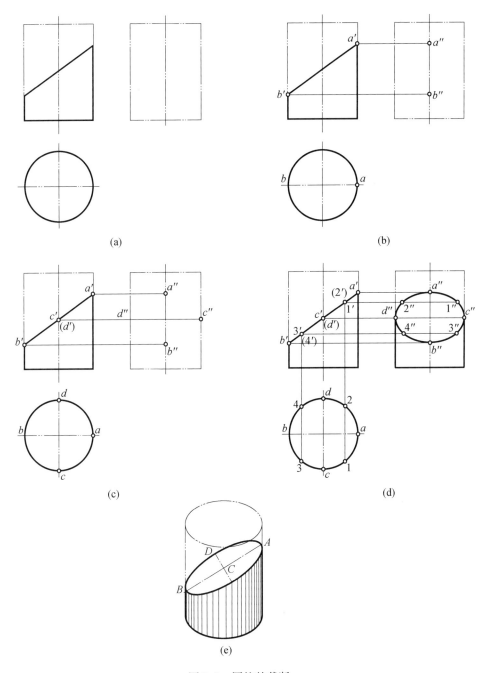

图 3.8 圆柱的截断

截交线均可用积聚性作出。

（2）截平面 P、T 和圆柱面的交线是矩形，侧面投影反应实形，水平投影积聚成直线，根据 V 面投影求出水平投影，进而得到侧面投影；截平面 R、S 和圆柱的交线是部分圆弧，水平投影反映实形并落在圆周上，侧面投影积聚成直线，根据两面投影得出侧面投影。

（3）判断可见性、整理图形。圆柱上端的最左、最右转向轮廓线和圆柱下端的最前、

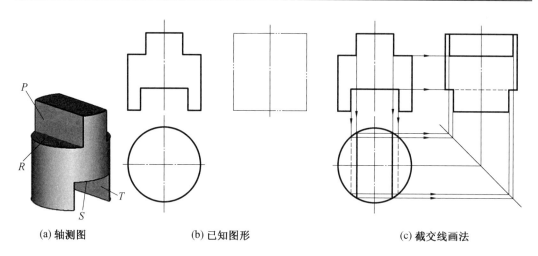

图 3.9　联轴节接头的投影

最后转向轮廓线都被截断,保留其余部分。截面 *S* 的侧面投影不可见,水平投影左右两部分也不可见,故画成虚线,结果如图 3.9(c)所示。

2. 圆锥的截交线

根据截平面与圆锥的相对位置不同,其截交线有五种不同的形状,见表 3.1。

表 3.1　圆锥的截交线

截面位置	与轴线垂直	过圆锥顶点	与轴线倾斜	与任一素线平行	与轴线平行
交线形状	圆	等腰三角形	椭圆	抛物线	双曲线
立体图					
投影图					

例 3.7　圆锥被平面截切,如图 3.10 所示,画该截交线的各面投影。

分析:此截平面与圆锥轴线平行,截交线形状为双曲线,其水平投影和正面投影均积聚成一条直线,侧面投影反映实形。

作图步骤如下:

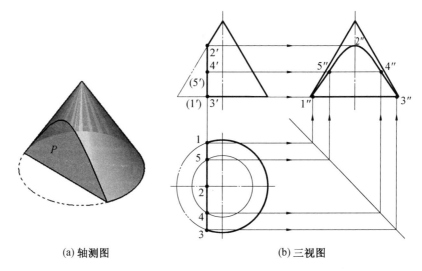

(a) 轴测图　　　　　　　　　　　(b) 三视图

图 3.10　平面与圆锥相交

（1）求特殊位置点。在正面投影中找出特殊位置点的投影 1′、2′、3′，其中点 1 和点 3 在圆锥的底圆圆周上，点 2 在圆锥的最左转向轮廓线上，找出点的水平投影 1、2、3。根据两面投影求出侧面投影 1″、2″、3″。

（2）求一般位置点。在正面投影上选取两个一般位置点 4′、5′，利用纬圆法作出水平投影 4、5，再根据两面投影求出侧面投影 4″、5″。

（3）判断可见性。截交线的侧面投影可见。

（4）整理图形。光滑连接各点（特殊位置点和一般位置点），检查图形，截掉部分不画，余下部分用粗实线绘制，如图 3.10（b）所示。

例 3.8　求作如图 3.11 所示顶尖的三视图。

分析：顶尖由同轴的一个圆锥和两个圆柱组合而成。被水平面和正垂面所截，其中水平面截切圆锥和圆柱所得截交线分别为双曲线和矩形，水平投影反映实形，正面投影积聚成直线，侧面投影也积聚成直线。正垂面斜截切大圆柱所得截交线为部分椭圆，水平投影为类似形，正面投影积聚成直线，侧面投影积聚成部分圆周。

作图步骤如下：

（1）求圆锥上的截交线：在正面投影中找出特殊位置点的投影 1′、2′、3′，找出点的侧投影 1″、2″、3″，根据两面投影求出水平投影 1、2、3。在 1′2′ 之间取 a′、b′，利用纬圆法求出 a″、b″，然后求出 a、b。

（2）求两个圆柱被水平面切割的交线：两个圆柱被水平面切割，其水平投影为两个矩形，求出 4′、5′、6′、7′，这几个点是水平切面与圆柱相交的点。圆柱在侧面上积聚成圆，根据"高平齐"，求出 4″、5″、6″、7″，进而求出 4、5、6、7，如图 3.11（b）所示。

（3）求大圆柱被正垂面切割的交线：由于切平面倾斜于圆柱轴线，所以其交线的正面投影积聚为斜直线，侧面投影为上部分圆弧，而其水平投影形状为部分椭圆。求 6、7、8 点和 c、d 即可。

（4）判断可见性：由于切平面位于上部，所以截交线的水平投影可见。

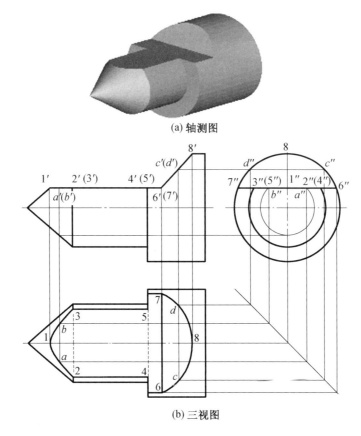

(a) 轴测图

(b) 三视图

图 3.11　顶尖的投影

（5）整理图形：光滑连接截交线上各点（特殊位置点和一般位置点），检查图形，完善图线。

3.2　相　贯　线

工程中常见立体相交的情况，为正确表达它们，需准确画出其交线。两立体相交称为相贯，相贯的立体称为相贯体，如图 3.12 所示的三通管，可看作两圆管相贯，相贯体表面的交线称为相贯线。

相贯的两立体可以是一个平面立体和一个曲面立体，也可以是两个平面立体或两个曲面立体。前两种情况都是立体被平面截切的截交线问题，前面已经学习。这里主要研究两曲面立体相交时相贯线的性质和作图方法。

图 3.12　三通管

3.2.1　相贯线的性质

由于立体相交曲面的形状、大小以及相对位置不同,所以相贯线的形状也不相同,但都具有以下性质。

(1)共有性:相贯线是两相交立体表面上的共有线,是一系列共有点的集合。

(2)封闭性:由于立体占具有限的空间范围,所以相贯线一般是封闭的空间曲线,特殊情况下是平面曲线或直线。

3.2.2　求相贯线的方法

根据上述相贯线的性质,可知求相贯线的实质就是求两相贯体表面共有点的问题。作图时,首先结合立体相对位置及其与投影面的位置关系,分析相贯线的性质,选择合适的作图方法;然后求出特殊位置点的投影,作出一定数量一般位置点的投影;最后判别可见性,光滑连接各点,检查,整理,加深,完成作图。

利用积聚性求相贯线。当圆柱的轴线与投影面垂直时,圆柱在该投影面上的投影积聚成圆周,即相贯线在该投影面上的投影在圆周上。利用曲面立体表面取点的方法,作出相贯线的其他投影。

例 3.9　如图 3.13 所示两圆柱正交,求作它们的相贯线。

分析:两正交圆柱的轴线分别与水平面和侧垂面垂直,故相贯线的水平投影和侧面投影均积聚在圆周上,根据相贯线的两面投影即可求出其第三面投影,如图 3.13(b)。

(1)求特殊位置点:在水平投影中找出相贯线的最左、最右、最前、最后极限位置点 1、2、3、4,再作出其侧面投影 1″、2″、3″、4″,最后根据“长对正”“高平齐”作出正面投影 1′、2′、3′、4′,如图 3.13(c)所示。

(2)求一般位置点:在水平投影圆周上找出左右对称的两个点 5、6,在侧面投影圆周上找出对应点投影 5″、6″,最后根据两面投影作出正面投影 5′、6′,如图 3.13(c)所示。

(3)由正面投影中 1′、2′、3′、5′、6′点的投影可见,因为前后对称,所以相贯线后面和前面重合,不必再求,光滑连接各点,检查,整理,加深,完成作图,如图 3.13(d)所示。

在零件上常见两轴线垂直相交的圆柱,为了作图方便,当两正交圆柱直径相差较大时常采用近似画法,即用圆弧代替相贯线。圆弧的圆心在小圆柱的轴线上,半径为大圆柱的半径,如图 3.14 所示。

以上是两垂直相交圆柱外表面相贯,在实际零件中也会出现内表面相贯或是内外表面相贯的情况,见表 3.2。

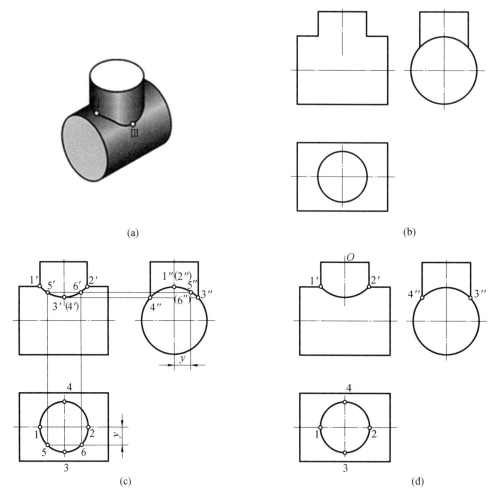

(a)　　　　　　　　　　　　　　　　(b)

(c)　　　　　　　　　　　　　　　　(d)

图 3.13　圆柱相贯的三视图

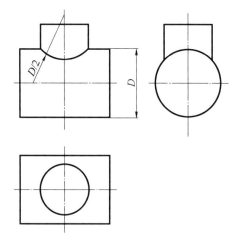

图 3.14　相贯线近似画法

表 3.2　两垂直圆柱内外表面相交情况

	两外圆柱面相交	内、外圆柱面相交
轴测图		
三视图	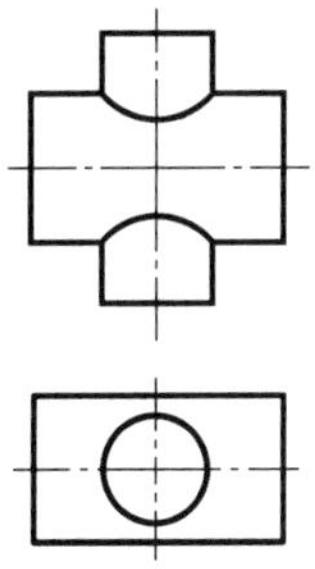	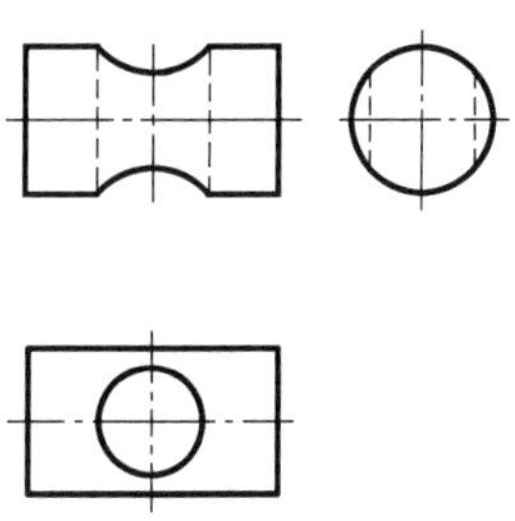

同时两正交圆柱的相贯线与相交圆柱的直径变化有关,见表 3.3。

表 3.3　圆柱直径变化的三种情况

直径	水平圆柱直径较大	直径相等	垂直圆柱直径较大
轴测图		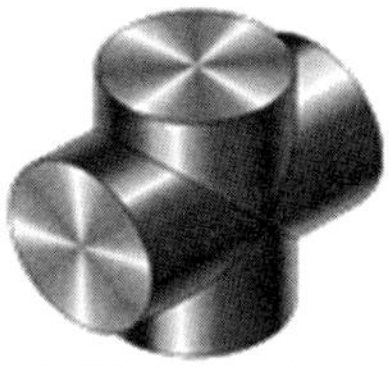	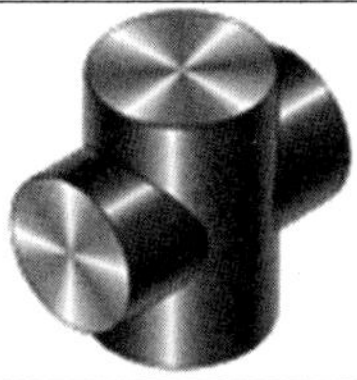
三视图	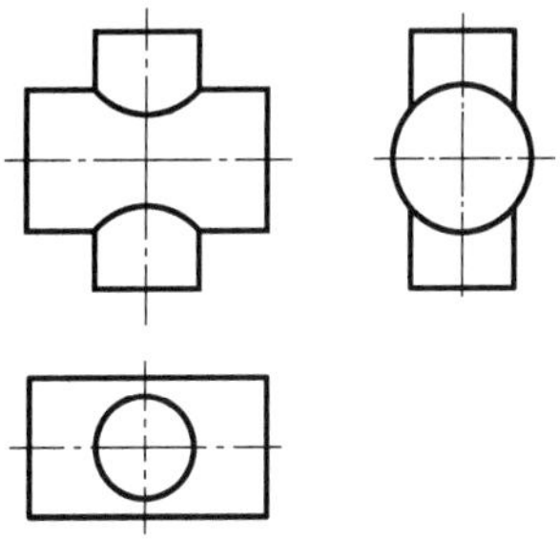	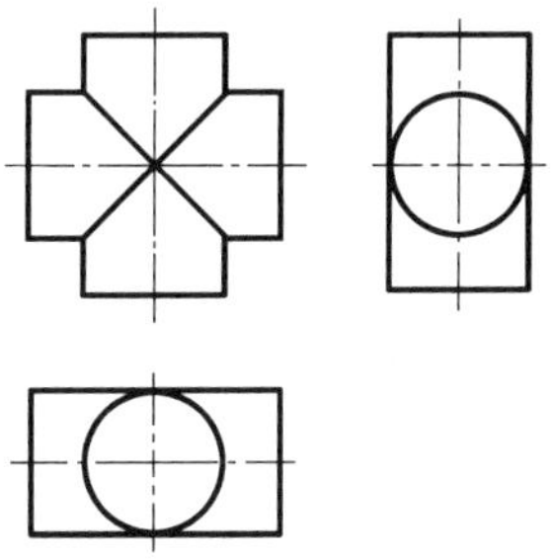	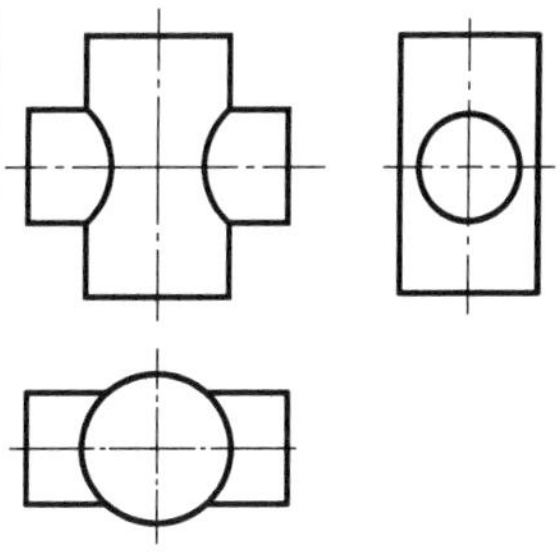

综上所述,当水平圆柱直径较大时,相贯线是上下封闭的空间曲线;当两个相交圆柱直径相等时,相贯线是空间两个相交的椭圆;当垂直圆柱直径较大时,相贯线是左右两条封闭的空间曲线。

3.3　正等轴测图

3.3.1　基础知识

三视图是物体在相互垂直的三个投影面上的多面正投影。三视图的优点是能够正确、完整、准确地表示物体的形状和大小,而且作图简便、度量性好,所以在机械行业中得到广泛应用,但它缺乏立体感。轴测图是一种能同时反映出物体长、宽、高三个方向尺度的单面投影图,这种图形富有立体感,直观性好,并可沿坐标轴方向按比例进行度量,但作图较繁琐,因此在图样的识读中常被用作辅助图样。

3.3.2　轴测图的形成

将物体连同其直角坐标系沿不平行于任一坐标平面的方向,用平行投影法将其投射在单一投影面上所得的图形称为轴测图。与正投影法的区别在于物体和坐标系与任一坐标面不平行,投影后的图形具有立体感,如图 3.15 所示。

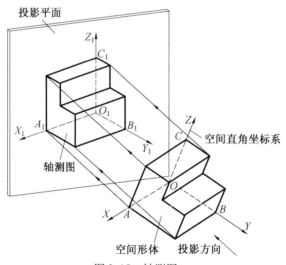

图 3.15　轴测图

当投射方向垂直于轴测投影面称为正轴测投影;当投射方向倾斜于轴测投影面称为斜轴测投影。

1. 轴间角

轴测投影图中,任意两根轴测轴之间的夹角称为轴间角,如图 3.15(a)所示。

2. 轴向伸缩系数

轴测轴上的单位长度与相应直角坐标轴上的单位长度的比值称为轴向伸缩系数,如图 3.15(b)所示。

3. 轴测投影的基本特性

由于轴测图是根据平行投影法画出来的,因此它具有平行投影的基本性质。其主要投影特性概括如下:

(1)空间互相平行的线段,在同一轴测投影中一定互相平行。与直角坐标轴平行的线段,其轴测投影必与相应的轴测轴平行。

(2)与轴测轴平行的线段,按该轴的轴向伸缩系数进行度量。与轴测轴倾斜的线段,不能按该轴的轴向伸缩系数进行度量。因此,绘制轴测图时,必须沿轴向尺寸测量。

4. 分类

根据投射线与投影面的关系,轴测投影可分两种:用正投影法得到的轴测投影称为正轴测投影;用斜投影法得到的轴测投影称为斜轴测投影。本节将重点介绍正轴测投影中的正等轴测投影(正等轴测图)的画法。

3.3.3　正等轴测投影

1.基本概念

正等轴测图的轴间角均 120°。通常采用简化的轴向伸缩系数,均取为 1。作图时沿轴向按实长量取,这样画出的轴测投影沿各轴向的长度均放大到原长的 1.22 倍。

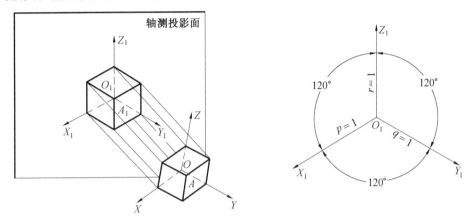

图 3.16　正等轴测图

2.作图方法

画轴测投影时,首先对物体进行形体分析,在视图中选定直角坐标系,确定坐标轴,按轴测轴方向及轴向伸缩系数作出形体上各点及主要轮廓线的轴测投影,最后将形体上各点的轴测投影作相应的连线,即得形体的轴测投影,如图 3.16 所示。

画图时应先画形体上主要表面,后画次要表面;先画顶面,后画底面;先画前面,后画后面;先画左面,后画右面。这样可以避免多画不必要的图线。

画轴测投影的基本方法是坐标法。但在实际作图时,还应根据形体的形状特点不同而灵活采用其他作图方法。下面举例说明不同形状特点的平面立体轴测投影作图方法。

（1）坐标法。

坐标法是根据形体表面上各顶点的空间坐标,画出它们的轴测投影,然后依次连接各顶点的轴测投影,即得形体的轴测投影。

例 3.10　作正六棱柱的正等轴测图(图 3.17)。

分析:如图 3.17 所示,正六棱柱的顶面和底面都是处于水平位置的正六边形,因此取顶面的中心 O 为原点。

作图步骤如下:

①在正六棱柱的两视图中选定原点和坐标轴(图 3.17(a))。

②画轴测轴,分别在 X_1、Y_1 上量取点 1_1、4_1 和 A_1、B_1(图 3.17(b))。

③过点 A_1、B_1 作 X_1 轴的平行线,量取点 2_1、3_1、5_1、6_1,连线得顶面轴测投影(图 3.17(c))。

④由点 6_1、1_1、2_1、3_1 沿 Z_1 轴量取 H,得点 7_1、8_1、9_1、10_1(图 3.17(d))。

⑤连接点 7_1、8_1、9_1、10_1。擦去作图线并加深(图 3.17(e))。

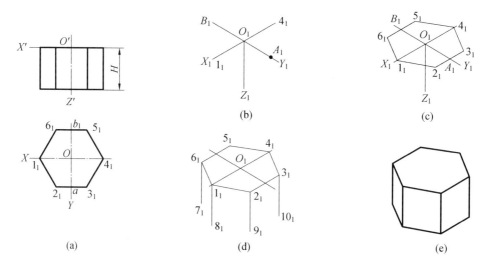

图 3.17 用坐标法画六棱柱的正等轴测图

（2）叠加法。

叠加法是将叠加式组合体通过形体分析,分解成若干个基本形体,再依次按其相对位置逐个地画出各个部分的轴测投影,最后完成组合体的轴测投影。

例 3.11 作出基础的正等轴测图（图 3.18）。

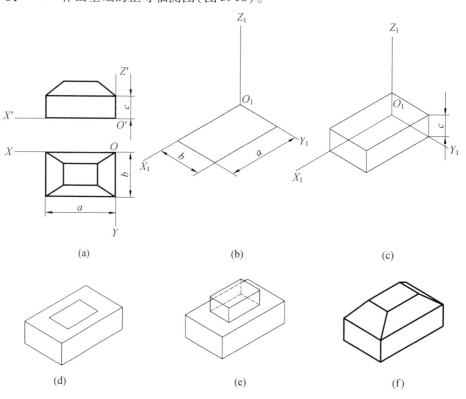

图 3.18 用叠加法画基础的正等轴测图

分析:基础由棱柱和棱台组成。可先画棱柱,再画棱台。

作图步骤如下:

①在投影图中选定坐标系(图3.18(a))。

②画轴测轴(图3.18(b)),根据棱柱的尺寸(长方体)a、b、c作出棱柱的正等轴测图(图3.18(c))。

③在棱柱顶面上作棱台上面的水平投影(图3.18(d))。

④根据棱台的高度画出棱台上面(图3.18(e))。

⑤连棱台侧棱。擦去多余图线并加深(图3.18(f))。

(3)切割法。

有些形体是由基本形体切割若干部分得到的。画这种形体的轴测投影应以坐标法为基础,先画出基本形体的轴测投影,然后按形体分析的方法切去应该去掉的部分,从而得到所需的轴测投影,这种方法称为切割法。

例 3.12　作垫块的正等轴测图(图3.19)。

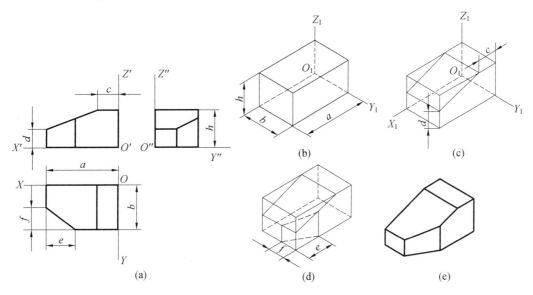

图 3.19　用切割法画垫块的正等轴测图

分析:可以把垫块看成一个长方体,先用正垂面切去左上角,再用铅垂面切去左前角。

作图步骤如下:

①在正投影图中选择确定直角坐标系(图3.19(a))。

②画轴测轴。按尺寸a、b、h画出尚未切割时的长方体的正等轴测图(图3.19(b))。

③根据三视图中尺寸c和d,画出长方体左上角被正垂面切割掉的一个三棱柱后的正等轴测图(图3.19(c))。

④根据三视图中尺寸e和f,画出左前角被一个铅垂面切割掉三棱柱的垫块的正等轴测图(图3.19(d))。

⑤擦去多余作图线并加深(图3.19(e))。

3. 圆的正等轴测图画法

在正等轴测图中,平行于各坐标面的圆的轴测投影都是椭圆。如图 3.20 所示,直径为 d 的圆,不论它平行于哪个坐标面,其投影椭圆的形状和大小都一样,只是长、短轴方向不同而已。椭圆长轴方向与该坐标平面相垂直的坐标轴的轴测轴垂直,短轴则平行于这条轴测轴。

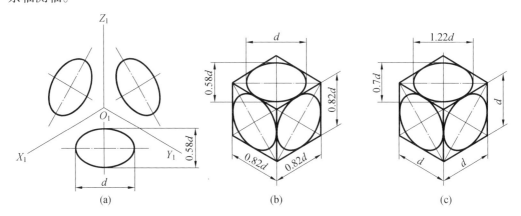

图 3.20　平行于坐标面的圆的正等轴测图

近似画法:为了作图简便,通常采用菱形法近似画椭圆。用菱形法画椭圆时,首先根据该圆所平行的坐标面确定长短轴的方向,然后按圆的直径作出椭圆的外切菱形并确定四段圆弧的圆心和半径,最后画出四段圆弧并使其光滑连接,即得近似椭圆。

图 3.21 为平行于 XOY 坐标面的圆。可把圆看成是四边平行于坐标轴的正方形的内切圆,而正方形的轴测图是菱形,其内切圆则为椭圆。椭圆近似画法的作图步骤如下:

(1)过圆心 O 作坐标轴和圆的外切正方形,切点为 a、b、c、d(图 3.21(a))。

(2)画轴测轴和切点 A_1、B_1、C_1、D_1,过 A_1、C_1 作 Y_1 轴的平行线,过 B_1、D_1 作 X_1 轴的平行线,即得菱形 $E_1F_1G_1H_1$,并连菱形对角线 E_1G_1、F_1H_1(图 3.21(b))。

(3)连接 F_1D_1、F_1C_1 与 E_1G_1 交于 1_1、2_1,则 F_1、H_1、1_1、2_1 为四个圆心(图 3.21(c))。

(4)分别以 F_1、H_1 为圆心,以 F_1D_1(F_1C_1、H_1A_1、H_1B_1)为半径,画大圆弧 $\overset{\frown}{D_1C_1}$ 和 $\overset{\frown}{A_1B_1}$(图 3.21(d))。

(5)分别以 1_1、2_1 为圆心,以 1_1A_1(1_1D_1、2_1B_1、2_1C_1)为半径画小圆弧 $\overset{\frown}{A_1D_1}$ 和 $\overset{\frown}{B_1C_1}$(图 3.21(e))。

(6)加深并完成作图(图 3.21(f))。

例 3.13　作开槽圆柱的正等轴测图(图 3.22)。

分析:该形体由圆柱体切割而成。可先画出切割前圆柱体的轴测投影,然后根据切口宽度 b 和深度 h 画出槽口的轴测投影。

为作图方便,尽可能减少作图线,作图时选顶面圆的圆心为坐标圆点,先画顶面椭圆,再用移心法画出底面椭圆和槽底椭圆。

作图步骤如下:

①在正投影图中选定直角坐标系(图 3.22(a))。

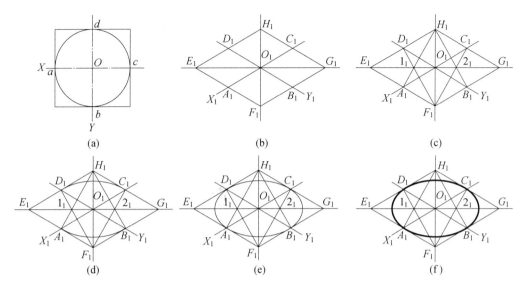

图 3.21　正等轴测图中椭圆的近似画法

②画顶面椭圆(图 3.22(b))。

③用移心法画底面椭圆,即将顶面椭圆的四段圆弧的四个圆心分别沿 Z_1 轴方向下移圆柱高度 H,得底面椭圆四段圆弧的圆心,同时将 $A_1B_1C_1D_1$ 也向下移 H 高度,得底面椭圆各连接点,连接画成底面椭圆(图 3.22(c))。

④作两椭圆公切线,完成圆柱体的轴测图(图 3.22(d))。

⑤由 h 定出槽口底面的中心,用移心法画出槽口椭圆的可见部分,注意,此段椭圆由两段圆弧组成。根据宽度 b 画出槽口(图 3.22(e))。

⑥擦去多余图线,加深,即完成开槽圆柱的正等轴测图(图 3.22(f))。

3.3.4　圆角的正等轴测图

在机件上经常会遇到由 1/4 圆弧构成的圆角轮廓,在轴测图上它是 1/4 椭圆弧,可以应用如图 3.23 所示的简化画法进行作图。图 3.23 是带圆角的长方体底板,其正等轴测图的作图步骤如下:

(1)作长方体的正等轴测图(图 3.23(a))。

(2)由角顶沿两边分别量取半径 R 得到 1、2 两点。过 1、2 两点分别作直线垂直于圆角的两边,这两垂线的交点 O 即为圆弧的圆心(图 3.23(b))。

(3)以 O 为圆心,以 $O1(O2)$ 为半径画弧 $\overset{\frown}{12}$,即半径为 R 的圆角的轴测图。由图上可以看出,轴测图上锐角与钝角处的作图方法完全相同,只是半径不一样(图 3.23(c))。

(4)用移心法得底板下面圆角的两圆心 O_1。以 O_1 为圆心,以 $O1(O2)$ 为半径画弧与两边相切,即得底板下面圆弧。在小圆弧处作两圆弧的公切线(图 3.23(d))。

(5)擦去多余图线并加深(图 3.23(e))。

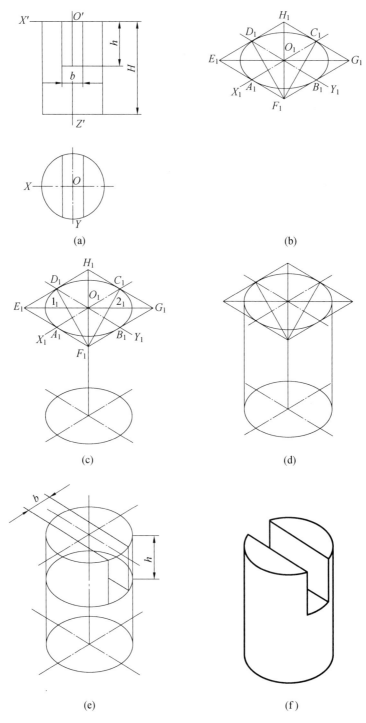

图 3.22 开槽圆柱的正等轴测图

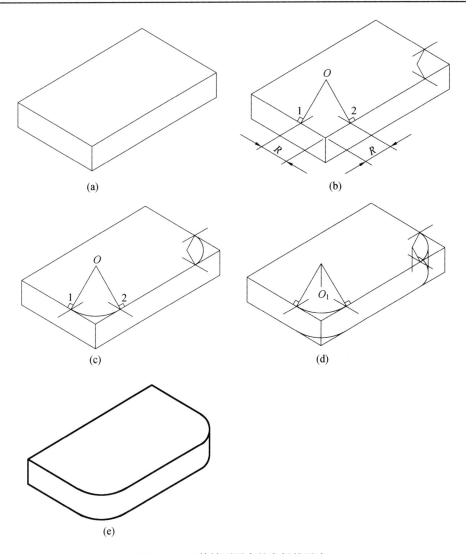

图 3.23　正等轴测图中的底板的画法

第4章 组 合 体

4.1 组合体视图的形体分析

4.1.1 组合体及形体分析法

1. 组合体

机械零件一般都可以看作由棱柱、棱锥、圆柱、圆锥等基本几何体(几何体素)组合而成。由两个或两个以上的基本几何体构成的物体称为组合体。

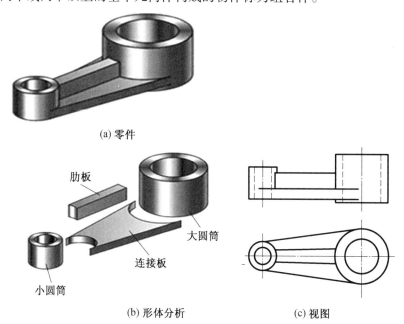

(a) 零件

肋板

大圆筒

连接板

小圆筒

(b) 形体分析   (c) 视图

图 4.1 组合体

2. 形体分析法

画、看组合体的视图时,通常按照组合体的结构特点和各组成部分的相对位置,把它划分为若干个基本几何体,并分析各基本几何体之间分界线的特点和画法,然后组合起来画出视图或想像出其形状。这种分析组合体的方法称为形体分析法。形体分析法是画图和读图的基本方法。

4.1.2　组合体的组合形式

为了便于分析,按形体组合特点,将它们的组合方式分为叠加和切割两种基本方式。叠加是指两基本几何体的表面叠合(互相重合)或相交;切割是指一个基本几何体被平面或曲面截切,切割后表面会产生不同形状的截交线或相贯线。

如图 4.2(a)所示的组合体,由水平放置的长方体 Ⅰ 和竖直放置的长方体 Ⅱ,以及三棱柱 Ⅲ 叠加而成,即是基本几何体素 Ⅰ、Ⅱ、Ⅲ 的并集。又如图 4.2(b)所示的组合体是由长方体切去三棱柱 Ⅰ,再切去三棱柱 Ⅱ 形成,即是长方体体素与三棱柱 Ⅰ、三棱柱 Ⅱ 的差集。至于稍复杂一些的组合体,它们的形成往往是既有叠加,又有切割的综合方式,如图 4.2(c)所示。

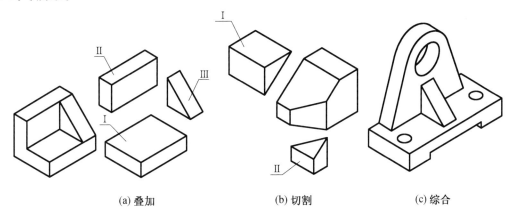

(a) 叠加　　　　　　　　(b) 切割　　　　　　　　(c) 综合

图 4.2　组合体的组合方式

必须指出,在许多情况下,叠加式和切割式并无严格的界线,同一物体既可按叠加方式分析,也可按切割方式去理解,如图 4.2(a)所示形体,也可以认为是由长方体切割而成。因此分析组合体的组合方式时,应根据具体情况,以便于作图和易于理解进行分析。

1. 叠加类

叠加类组合体由基本几何体叠加而成。按照形体表面接触的方式不同,又可分为相接、相切和相贯三种。

(1)相接。

形体相接有两种情况,分别是表面平齐与不平齐。

表面平齐是指两基本几何体某方向的两个表面处于同一平面内,不存在分界线。在视图中平齐处不画线,如图 4.3 所示,两叠加形体的前表面和后表面都分别处于同一平面内。必须指出,分析组合体的组合方式及基本形体之间的表面连接关系,是一种便于画图和读图的思考方法,整个组合体仍是一个不可分割的整体。因此,图 4.3 所示形体前后表面分别平齐,不可能有分界线。若主视图多画出这条分界线,就成为两个平面了。

表面不平齐是指两个基本体除叠加处表面重合外,没有公共的表面。在视图中两个基本体之间应画出分界线,如图 4.4 所示的主视图。若主视图漏画这条分界线,就成为一个连续平面了。

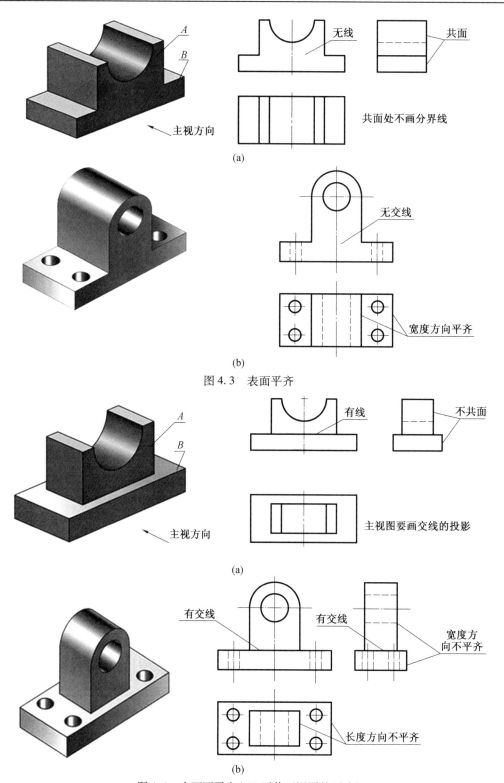

图 4. 3　表面平齐

图 4.4　表面不平齐(AB 不共面视图的画法)

（2）相切。

相切是指两个基本几何体的表面（平面与曲面或曲面与曲面）光滑过渡，不存在分界线。在视图中相切处不画线，如图 4.5 所示。画图时可先画出相切面有积聚性的那个视图（图 4.5 中的俯视图），从而定出直线和圆弧的切点，再根据切点的投影作出其他投影。

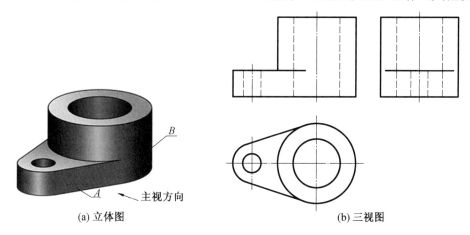

(a) 立体图　　　　　　　　　　　　　　(b) 三视图

图 4.5　相切的画法

（3）相交。

相交是指两个基本几何体彼此相交时表面产生交线（截交线或相贯线），表面交线是它们的分界线。在视图中相交处应该画出分界线，如图 4.6 所示。

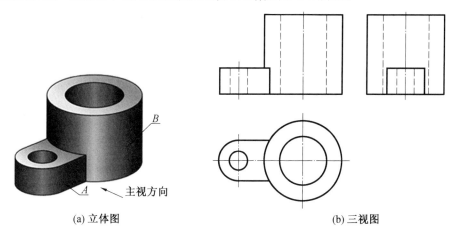

(a) 立体图　　　　　　　　　　　　　　(b) 三视图

图 4.6　相交的画法

2. 切割类

切割类组合体可以看成是在基本几何体上进行切割、钻孔、挖槽等操作所构成的形体。绘图时，被切割后的轮廓线必须画出来，如图 4.7 所示。

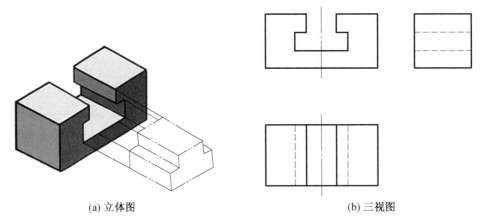

(a) 立体图　　　　　　　　　　　　　　(b) 三视图

图 4.7　切割类组合体的画法

4.2　组合体视图的画法

画组合体视图的基本方法是应用形体分析法。所谓形体分析,就是假想把组合体分解为若干基本形体,以便弄清它们的形状,分析它们的组合方式和相对位置以及表面连接关系,从而有分析、有步骤地进行作图。现以图 4.8(a)所示的轴承座为例来说明组合体视图的画法。

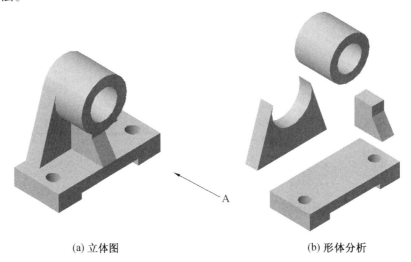

(a) 立体图　　　　　　　　　　　　　　(b) 形体分析

图 4.8　轴承座

4.2.1　形体分析

轴承座是用来支承轴的。应用形体分析法可以把它分解成五个基本几何体,并分析该形体由哪些基本形体组成,每个形体的形状、尺寸以及相对位置。如图 4.8(b)所示,该形体包括一个与轴配合的水平空心圆柱体、用来支承的支承板和肋板以及安装用的底板。其中底板、支承板、肋板分别是不同形状的平板,底板的顶面与支承板、肋板的底面互相叠加,支承板与轴承的外圆柱面相切,轴承、支承板和底板的后端面平齐,而前端面不平齐;圆筒与支撑板相切;支撑板、肋板、底板三者是平面接触。

4.2.2 视图选择

选择视图首先需要确定主视图:

(1)通常要求主视图能较多地表达物体的形状和特征,即尽量将组成部分的形状和相互关系反映在主视图上,并使主要平面平行于投影面,以便投影表达实形。轴承座从箭头 *A* 方向看去,所得到的视图满足所述的基本要求,可以作为主视图。

(2)主视图确定之后,俯视图和左视图也就随之确定了。底板需要水平面投影表达其形状和两孔中心的位置,肋板则需要侧面投影表达形状。因此,三个视图都是必需的,缺少一个视图都不能将物体表达清楚。

画组合体视图时,一般应使其处于自然安放位置,然后将由前、后、左、右四个方向投影所得的视图进行比较,图4.8(a)中箭头所示方向为前方,尽量选择反映组合体形状特征的视图作为主视图。图4.8(a)中箭头所示方向所得视图比其他方向更能反映轴承座各部分的形状和相互关系,可作为主视图。主视图确定以后,俯视图和左视图也就跟着确定了。俯视图主要表达底板的形状和安装孔的位置,而左视图表达了肋板的形状和相对位置,因此选择三个视图是必要的。

4.2.3 布置视图

视图选定后,首先要根据实物的大小选择适当的比例,按图纸幅面布置视图的位置,即应先画出各视图的定位基准线、对称线以及主要形体的轴线和中心线。

如图4.9(a)所示轴承座的布置图中,画出了轴承座的底面、后端面的基准线,左右对称面的对称线,轴承的轴线和中心线。三视图的布置要匀称、美观,不要偏向一方或挤在一起,视图之间应留出足够的距离,以备标注尺寸。

4.2.4 画 底 稿

按形体分析法分解各基本体几何以及确定它们之间的相对位置,并用细线逐个画出各基本体的视图。

画图时必须注意:

(1)应先画主要形体,后画次要形体;先画大形体,后画小形体;先画整体形状,后画细节形状。如图4.9(b)~(e)所示,先画圆筒、底板,后画支承板、肋板。

(2)对每个基本形体,应从具有形状特征的视图画起,而且要同时画出三个视图,以提高绘图速度和保证投影关系。

(3)要正确保持各形体之间的相对位置。例如,轴承座各形体在长度方向有公共的对称面,圆筒、支承板、底板后端面共平面;在高度方向上,圆筒在上,支承板和肋板居中,底板在下,为上、中、下叠加。

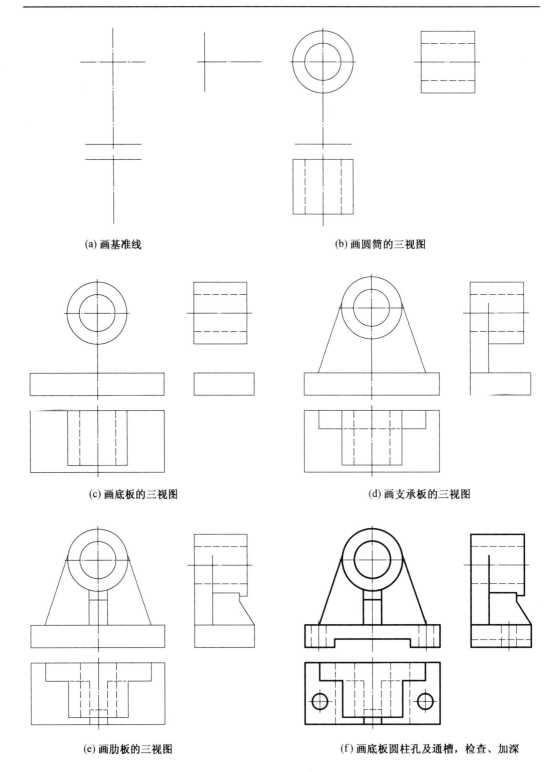

图 4.9　轴承座的作图过程

（4）各形体之间的表面连接关系要表示正确,符合前面的形体分析。还应注意在左视图上圆筒与肋板相交处的投影只有前面一小段外形轮廓线（图 4.9（e））,因为轴承与肋板及支承板在这里融合成一个整体。

4.2.5　画各形体细节,检查、加深

最后画各形体的细节形状,如图 4.9（f）中画出了底板的圆柱孔和通槽。逐个完成各形体的底稿后,应按组合体是一个不可分割的整体仔细检查,修正错误,擦去多余图线,按规定线型加深,如图 4.9（f）所示。

4.3　组合体视图的尺寸标注

视图只能表达组合体的形状,而组合体各部分形体的真实大小及其相对位置,则要通过标注尺寸来确定。因此,标注组合体的尺寸时应该做到正确、完整、清晰。所谓正确是指要符合国家标准的规定（参见第 1 章）;完整是指尺寸必须注写齐全,不遗漏,不重复;清晰是指尺寸的布局要整齐清晰,便于读图。本节将在第 1 章标注平面图形尺寸的基础上,主要学习基本形体的尺寸标注和如何使组合体的尺寸标注达到完整和清晰。

从形体分析角度看,组合体都是由基本几何体叠加、切割而成。因此,应先分析基本几何体的尺寸标注,然后再讨论组合体的尺寸标注。

1. 标注尺寸要完整

形体分析是标注组合体尺寸的基本方法。方法要达到完整的标注尺寸,应首先按形体分析法将组合体分解为若干基本形体,再按前述方法注出表示各基本几何体的大小尺寸以及形体间的相互位置尺寸。因此,组合体应注全如下三种尺寸:

（1）定形尺寸——决定组合体各基本几何体形状及大小的尺寸。

（2）定位尺寸——决定基本几何体在组合体中相互位置的尺寸。

（3）总体尺寸——组合体外形的总长、总宽、总高尺寸。

标注定位尺寸时,必须在长、宽、高方向上分别确定一个尺寸基准。标注尺寸的起点,称为尺寸基准。通常组合体的底面、重要端面、对称平面以及回转体的轴线等可作为尺寸基准。

现以轴承座为例,说明标注全组合体尺寸的过程,如图 4.10 所示。这里必须注意定位尺寸和总体尺寸的标注,不要出现遗漏或重复尺寸。下列情况之一,不必单独标注定位尺寸:

（1）两形体（或若干个形体）有公共的对称面,此时形体之间在垂直于对称面方向的定位尺寸为零,如图 4.10 所示轴承座因左右对称,不需标注长度方向的定位尺寸,但要标注底板上两个安装孔轴线在长度方向的定位尺寸 70。

（2）形体某方向对齐,该方向的定位尺寸为零。如圆筒、支承板、底板的后端面平齐,不标注宽度方向的定位尺寸,但要标注肋板的定位尺寸 12 和底板上两安装孔轴线在宽度

方向的定位尺寸 25。

　（3）形体之间某方向的定位尺寸和某个形体的定形尺寸重合时,如轴承座肋板的定位尺寸 12 和支承板的宽度尺寸重合,再标注肋板宽度方向定位尺寸,就会出现重复。

　下列情况之一,可以不单独标注总体尺寸:

　（1）某方向的总体尺寸和某个形体的同方向的定形尺寸重合,如轴承座的总长和总宽分别与底板的长度和宽度重合。

　（2）以回转面为某方向的外轮廓时,一般不标注该方向的总体尺寸,如轴承座的总高尺寸为 75（轴承高度方向的定位尺寸 55 加上轴承外圆柱面半径 20）,就在图 4.10(d)所示中没有标注。

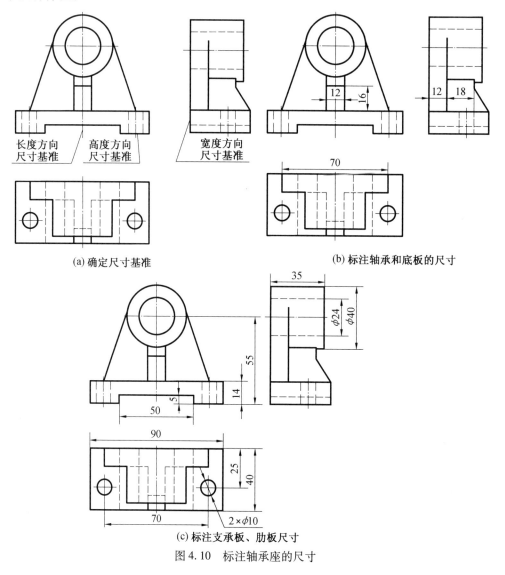

(a) 确定尺寸基准　　　　　　　　　　　　(b) 标注轴承和底板的尺寸

(c) 标注支承板、肋板尺寸

图 4.10　标注轴承座的尺寸

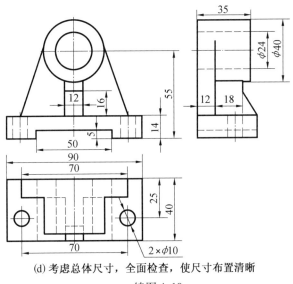

(d) 考虑总体尺寸，全面检查，使尺寸布置清晰

续图 4.10

2. 尺寸布置要清晰

标注尺寸除了要求完整外，为了便于读图，还应考虑从以下几个方面使尺寸的布置整齐清晰，方便参考。

（1）为了使图形清晰，尺寸应尽量标注在视图外面，并位于两视图之间，如图 4.10(d) 所示的圆筒和底板尺寸。

（2）每一形体的尺寸，应尽量集中标注在反映该形体特征的视图上。如图 4.10(d) 所示底板俯视图中标注了底板的长 90、宽 40 和两个安装孔定形尺寸 2×φ10、定位尺寸 70 和 25。

（3）同轴回转体的尺寸尽量注在非圆视图上。如图 4.10(d) 所示轴承内外圆柱面的 φ24 和 φ40 均标注在左视图，使尺寸标注显得较为整齐。

（4）为了避免标注零乱，同一方向的几个连续尺寸应尽量标注在同一条尺寸线上。如图 4.10(d) 所示左视图中支承板的宽度 12 和肋板的尺寸 18。

（5）尽量避免尺寸线与尺寸线或与尺寸界线相交。一组相互平行的尺寸标注应按小尺寸在内、大尺寸在外排列。如图 4.10(d) 所示，主视中的 14 和 55，俯视图中的 25 和 40、70 和 90 等。

4.4　组合体视图的阅读

根据形体的视图想像出它的空间形状，称为读图（或称看图）。组合体的读图和画图一样，仍然采用形体分析法，有时也用线面分析法。要正确、迅速地读懂组合体视图，必须掌握读图的基本方法，通过不断实践，培养空间想像能力。

4.4.1　用形体分析法读图

形体分析法是根据视图的特点、基本形体的投影特征，把物体分解成若干个简单的形体,分析出组合形式后,再将它们组合起来,构成一个完整的组合体。

采用形体分析法读图时,一般是从反映组合体形状特征的主视图入手,对照其他的视图,初步分析该形体是由哪些基本几何体和通过什么组合方式形成的;再将特征视图(一般为主视图)划分成若干封闭线框,因为视图上的封闭线框表示了某一基本形体的轮廓投影;然后根据投影的"三等"对应关系逐个找出这些封闭线框对应的其他投影,想像出各基本体的形状;最后按各基本几何体之间的相对位置,综合想像出组合体的整体形状。用形体分析法看图的步骤总结如下:

(1)认识视图,抓住特征;

(2)分析投影,联想形体;

(3)综合起来,想象整体。

在学习读图时,常采用给出两个视图,在想像出该形体空间形状的基础上,补画出第三个视图的方法,这是提高读图能力的一种重要学习手段。

例 4.1 由支座的主、俯视图,想像出其整体形状,并补画左视图(图 4.11)。

分析与作图:

(1)分析视图线框:从反映支座形状特征的主视图着手,联系支座的俯视图,大致了解视图上的封闭线框多为矩形、圆和半圆,从立体的投影规律可知,该组合体基本上是由棱柱和圆柱之类的形体组成,形体左右对称,上下叠加。将主视图的图线划分为图 4.11 所示的三个封闭的实线框,看作组成支座的三个部分,I 是倒凹字型线框,II 是矩形线框,III 是有半圆的线框。

(2)对照投影想形体:在主视图上分离出封闭线框 I,根据"长对正"对应关系投影,在俯视图上找到相应的投影,可以看出它是一个下部带通槽的长方形底板,即可画出底板的左视图(图 4.12(a))。

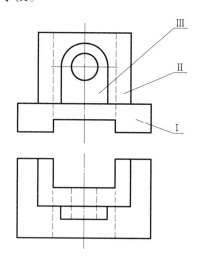

图 4.11 支座的主、俯视图

如图 4.12(b)所示,在主视图上分离出上部的矩形线框 II,对照俯视图,它是一个长方形竖板,后部有一个穿通底板的开槽,由此可画出这个竖板的左视图。因为该开槽的左右侧面与底板下部开槽的左右侧面平齐,因此在左视图上底板靠后靠下处应去掉两小段虚线。

如图 4.12(c)所示,在主视图上分离出上部的半圆形线框 III,对照俯视图可知,它是一个在竖板前方,轴线垂直于正面的半圆柱凸块,中间有穿通竖板的圆柱孔,由此画出它的左视图。

(3)综合起来想整体:支座各形体的相对位置,已在图 4.12 中表示的很清楚,竖板 II 和凸块 III 在底板 I 的上面,竖板与底板的后端面平齐,凸块在竖板的前方,整个形体左、右对称。在想像出支座各组成部分的形状后,再根据它们之间的相对位置,可逐步形成支座的整体形状,如图 4.12(d)所示右下角的立体图。按支座的整体形状检查底稿,加深图线,补出左视图后的三视图如图 4.12(d)所示,想像出的支座如图 4.12(e)所示。

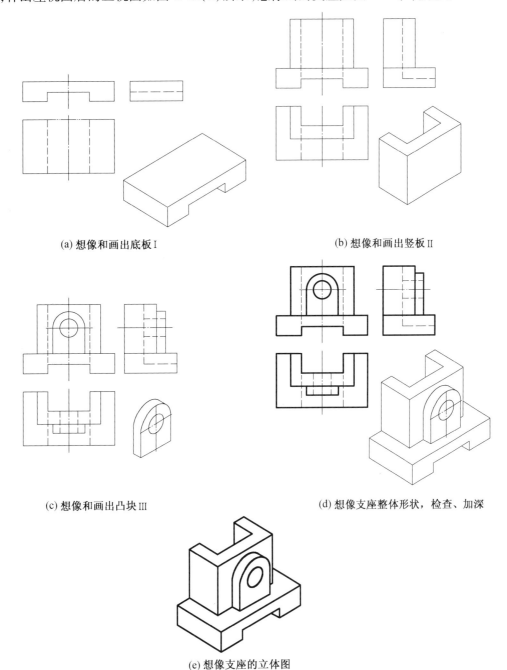

(a) 想像和画出底板Ⅰ

(b) 想像和画出竖板Ⅱ

(c) 想像和画出凸块Ⅲ

(d) 想像支座整体形状,检查、加深

(e) 想像支座的立体图

图 4.12　想像支座的形状和补画左视图

4.4.2　用线面分析法读图

在一般情况下,形体清晰的组合体,用上述形体分析法就可以解决读图问题。对有些局部较为复杂的组合体,完全用形体分析法还不够,有时候需应用线面分析法来帮助想像和读懂这些局部的形状。

根据线面的投影规律,视图中的一条线(直线、曲线),可能是投影面、垂直面有积聚性的投影,也可能是两平面交线的投影,或者是曲面转向轮廓素线的投影三种情况。视图中的一个封闭线框可能表示一平面的投影,也可能表示一曲面的投影两种情况。利用上述规律去分析组合体的表面性质、形状和相对位置的方法,称为线面分析法。

组合体视图的读图应以形体分析法为主,线面分析法为辅。线面分析主要是用来解决读图中的难点,如切口、凹槽等。

例4.2　已知压块的主、左视图,补画出其俯视图(图4.13(a))。

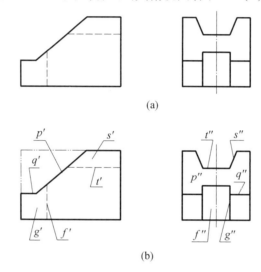

图 4.13　压块的主、左视图

分析与作图:

(1)形体分析。

①分析整体形状:由于压块的两个视图的轮廓基本上都是矩形(图4.13(a)),所以它的基本形体是一个长方体,由左视图可知,压块前后对称。

②分析细节形状:主视图的矩形左上方缺失一部分,说明长方体左上角切割掉这一部分,左视图的矩形正上方缺失一梯形,说明长方体的右上方切割掉了一梯形块,左视图正下方有一小矩形,其高度与主视图左下方的虚线对应,说明长方体左下方又被切割掉一块。

通过以上分析,已经大致了解了这个形体是由长方体切割而成。究竟被什么样的平面截切? 切割以后的投影会是什么样的,还需要进一步进行线面分析。

(2)线面分析:这里仅分析与截切有关的 P、Q、S、T、G、F 这六个平面(图4.13(b))。

为了正确、迅速地作图,应该边分析边作图。在分析过程中逐步画出压块的俯视图,具体作图步骤如图4.14所示。

①从左视图的大致为凹字型的线框 p″ 看起,在主视图中找到它的对应投影。由于在主视图中没有与它等高的凹字形线框,所以 P 平面的正面投影只能是积聚成斜线的 p′。

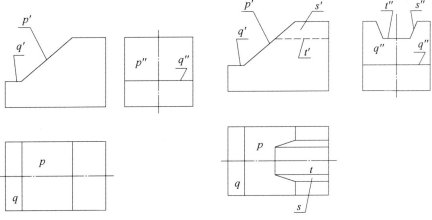

(a)用正垂面和水平面截去长方体左上一块　(b)用前后对称的侧垂面和水平面截去右上方一梯形块

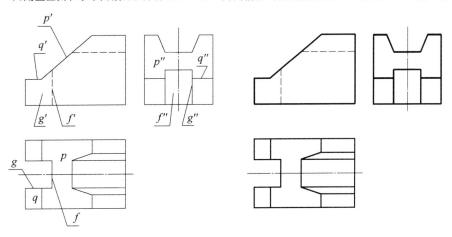

(c) 用前后对称的正平面和侧平面截去左下一块　　　　　　　(d) 作图结果

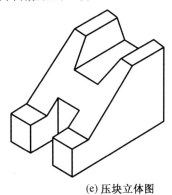

(e) 压块立体图

图 4.14　补画压块俯视图作图步骤

因此,P 是正垂面。平面 P 对 W 面和 H 面都是处于倾斜位置,所以它的水平投影 p 与侧面投影 p'' 相仿(图 4.14(c))。

②主视图 q' 是一段水平线,在左视图中与它对应的投影也是一段水平线 q''。因此,Q

是水平面,形状为矩形。它的水平投影 q 反映 Q 平面的实形。长方体左上方缺一块,就是由 P、Q 这样两个平面切割而成(图 4.14(a))。

③从主视图右上方的梯形线框(包括虚线)s′ 看起,在左视图中找到它的对应投影。由于左视图没有与它等高的梯形线框,所以 S 的侧面投影只能是积聚成斜线的 s″。因此,S 是侧垂面。它的水平投影 s 与 s′ 相仿(图 4.14(b))。

④主视图右上方的 t′ 是一段水平虚线,在左视图中与它对应的投影是一段水平实线 t″。因此,T 是水平面,形状为矩形。因而它的水平投影 t 反映 T 平面的实形。长方体左上方在上面被切割之后,右上方又被前后对称的两个侧垂面 S 和水平面 T 切掉一梯形块。在这里,因为 S、T 都与 P 相交,因此 P 平面也被切去一梯形,变成了凹字形(图 4.14(b))。

⑤从主视图左下方的五边形线框(包括虚线)g′ 看起,在左视图中找到它的对应投影。由于在左视图中没有与它等高的五边形线框,所以 G 平面的侧面投影只能是积聚成竖直线的 g″。因此,G 是正平面。它的水平投影 g 也积聚成一直线段(图 4.14(c)),g 平行于 OX 轴。

⑥从左视图的矩形线框 f″ 看起,在主视图中找到它的对应投影。由于在主视图中没有与它等高的矩形线框,所以 F 平面的正面投影只能是积聚成竖直线(虚线)的 f′,f′ 平行于 OZ 轴。因此,F 是侧平面,它的水平投影 f 是平行于 OY 轴的直线段。长方体在上面的两次切割之后,其左下方又被前后对称的两个正平面 G 和侧平面 F 切掉一部分。在这里,G、F 都与 P 相交,因此,P 平面又被切去一部分,变成了 12 边形(图 4.14(c))。

通过以上形体、线面分析,补画出了压块的俯视图,就可以清楚地想像出压块的整体形状(图 4.14(e))。补出压块俯视图后的三视图如图 4.14(d)所示。

对于初学制图者来说,读图是一项比较困难的工作,但只要我们应用上述方法进行分析,一定会提高读图能力。

图 4.15 所示是一个读图和尺寸标注结合的例子。由该形体的主视图和俯视图,想像它的整体形状,补画左视图,并标注尺寸。该形体形状特征明显,具体作图过程如图 4.16 所示,请读者自己分析。

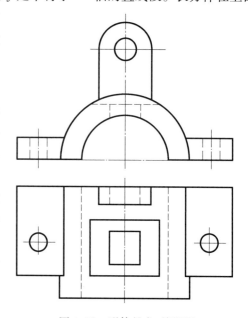

图 4.15　形体的主、俯视图

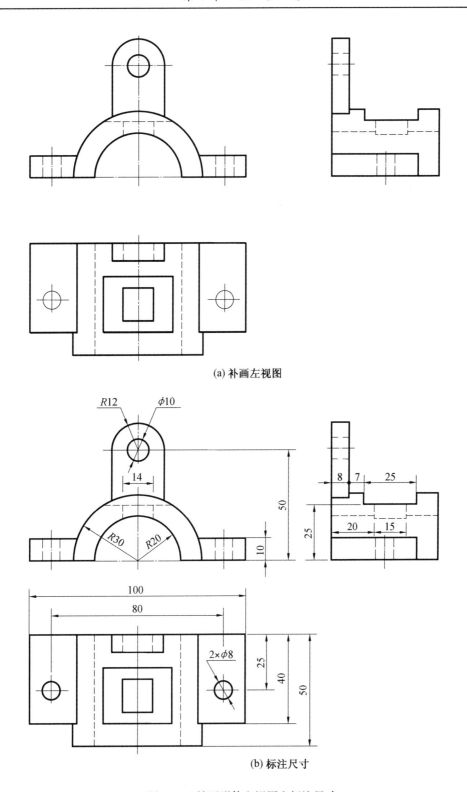

(a) 补画左视图

(b) 标注尺寸

图 4.16　补画形体左视图和标注尺寸

第5章　机件的常用表达方法

为了完整、清晰地表达机件的内、外结构形状，以适应生产需要，国家标准《技术制图》和《机械制图》中规定了各种图样画法。本章将重点介绍其中的视图、剖视图、断面图及局部放大图等各种表示方法。

5.1　视　　图

根据中华人民共和国国家标准规定，用正投影绘制出物体的图形，称为视图。视图主要用于表达物体的可见部分，必要时才用虚线画出其不可见部分。视图分为基本视图、向视图、局部视图和斜视图。本节主要介绍局部视图和斜视图。

5.1.1　局部视图

将物体的某一部分向基本投影面投射所得的视图，称为局部视图。画局部视图的主要目的是为了减少作图工作量。如图5.1所示物体，主、俯两个基本视图已将其基本部分的结构表达清楚，但左边凸台与右边缺口尚未表达清楚，需采用局部视图来表示，这样不但节省了两个基本视图，而且表达清楚，重点突出，简单明了。局部视图断裂处的边界线应以波浪线表示。当所表示的局部结构是完整的，且外形轮廓线又自成封闭时，波浪线可省略不画，如图5.1(c)所示的左边凸台。

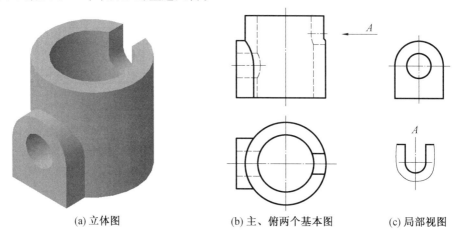

(a) 立体图　　　　　　　(b) 主、俯两个基本图　　　　　(c) 局部视图

图5.1　物体的立体图、基本视图及局部视图

局部视图应尽量按基本视图的位置配置。有时为了合理布置图面，也可按向视图的配置形式配置。

画局部视图时，应在局部视图上方用大写拉丁字母标出视图的名称"×"，并在相应视图附近用箭头指明投射方向，注上相同的字母。当局部视图按投影关系配置，中间又无其他视图隔开时,允许省略标注,如图 5.1(c)所示的凸台。

5.1.2　斜　视　图

将物体向不平行于任何基本投影面的平面投射所得的视图,称为斜视图。斜视图主要用于表达物体上倾斜部分的实形。如图 5.2 所示的弯板,其倾斜部分在基本视图上不能反映实形,为此,可选用一个新的辅助投影面(该投影面应垂直于某一基本投影面),使它与物体的倾斜部分表面平行,然后向新投影面投射,这样便使倾斜部分在新投影面上反映出实形。

斜视图通常按向视图的配置形式配置并标注。必要时,允许将斜视图旋转配置,在旋转后的斜视图上方应标注视图名称"×"及旋转符号,旋转符号的箭头方向应与斜视图的旋转方向一致,表示该视图名称的大写拉丁字母应靠近旋转符号的箭头端。

斜视图主要用来表达物体上倾斜结构的实形,其余部分不必全部画出,用波浪线断开即可。

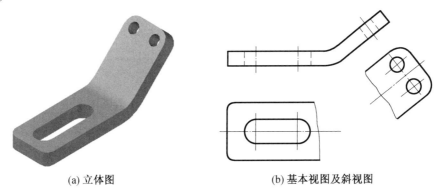

(a) 立体图　　　　　　　　　　　　(b) 基本视图及斜视图

图 5.2　物体的立体图、基本视图及斜视图

5.2　剖　视　图

5.2.1　剖视图概述

1. 剖视图的概念

假想用剖切面把物体剖开,移去观察者与剖切平面之间的部分,将留下的部分向投影面投射,并在剖面区域内画上剖面符号,这样得到的图形称为剖视图,简称剖视,如图 5.3 所示。

如图 5.4(a)所示,在物体的视图中,主视图用虚线表达其内部形状不够清晰,按图 5.4(b)所示方法,假想沿物体前后对称平面将其剖开,移去前半部,将后半部向正投影面投射,就得到剖视图。

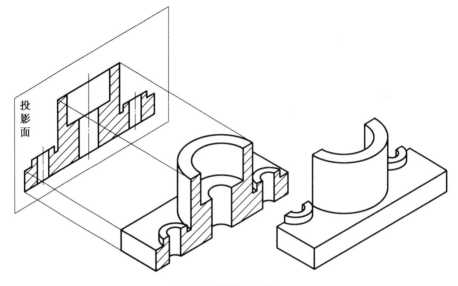

图 5.3 剖视图的概念

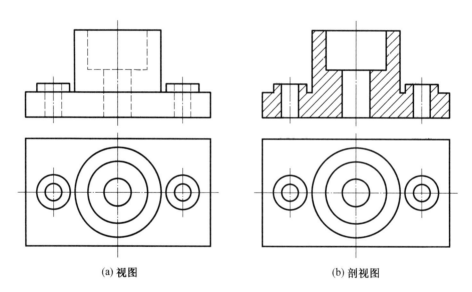

(a) 视图   (b) 剖视图

图 5.4 视图与剖视图

2. 剖面符号和通用剖面线

剖切物体的假想平面或曲面称为剖切面,剖切面与物体的接触部分称为剖面区域。画剖视图时,剖面区域内应画上剖面符号,以区分物体被剖切面剖切到的实心与空心部分。物体材料不同,其剖面符号画法也不同,见表 5.1。

表5.1 不同材料的剖面符号

材料	剖面符号	材料	剖面符号
金属材料 （已有规定剖面符号者除外）		木质胶合板 （不分层数）	
线圈绕组元件		基础周期的泥土	
转子、电枢、变压器和 电抗器等的叠钢片		混凝土	
非金属材料 （已有规定剖面符号者除外）		钢筋混凝土	
型砂、填砂、粉末冶金、砂轮、 陶瓷刀片、硬质合金刀片等		砖	

当不需要在剖面区域中表示材料的类别时,剖面符号可采用通用的剖面线表示。通用的剖面线用细实线绘制,剖面线的方向应与主要轮廓线或剖面区域的对称线成45°角,如图5.5所示。

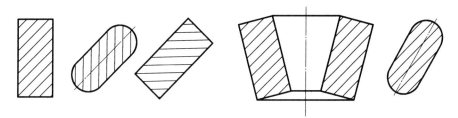

图 5.5 剖面线的方向

3. 画剖视图的步骤

（1）确定剖切面的位置。

由于画剖视图的目的在于清楚地表达物体的内部结构,因此,剖切平面通常平行于投影面,且通过物体内部结构（如孔、沟槽）的对称平面或轴线。如图5.4（b）所示剖视图就是选用通过物体对称平面的正平面剖切物体的。

（2）画剖视图。

弄清楚剖切后哪部分移走了,哪部分留下了,剩余部分与剖切面接触部分（剖面区域）的形状,剖切面后面的结构还有哪些是可见的。画图时先画剖切面上内孔形状和外形轮廓线的投影,再画剖切面后的可见轮廓线的投影。要把剖面区域和剖切面后面的可见轮廓线画全。

（3）画剖面线。

在剖面区域内画剖面符号。在同一张图样中,同一个物体的所有剖视图的剖面符号应该相同。例如,通用的剖面线和金属材料的剖面符号都画成与水平线成45°（可向左倾斜,也可向右倾斜)且间隔均匀的细实线。

4. 剖视图的配置与标注

剖视图通常按投影关系配置在相应的位置上,如图 5.4(b),必要时可以配置在其他适当的位置。

剖视图标注的目的在于表明剖切平面的位置以及投射的方向。一般应在剖视图上方用大写拉丁字母标出剖视图的名称"×—×",在相应视图上用剖切符号(粗短线)表示剖切位置,用箭头表示投射方向,并注上同样的字母。

(1)剖切符号用线宽(1~1.5)d、长 5~10 mm 断开的粗实线,在相应的视图上表示出剖切平面的位置。为了不影响图形的清晰,剖切符号应避免与图形轮廓线相交。

(2)在剖切符号的起、迄处外侧画出与剖切符号相垂直的箭头,表示剖切后的投射方向。

(3)在剖切符号的起、迄及转折处的外侧写上相同的大写拉丁字母,并在剖视图的上方标注出剖视图的名称"×—×",字母一律水平书写。

在下列情况下,剖视图的标注内容可以简化或省略:

①当剖视图按投影关系配置,中间又没有其他图形隔开时,可省略箭头。

②当单一剖切平面通过物体的对称平面或基本对称平面,且剖视图按投影关系配置,中间又没有其他图形隔开时,可省略标注,如图 5.4(b)的主视图。

5. 画剖视图的注意事项

(1)因为剖切是假想的,并不是真的把物体切开拿走一部分,因此,当一个视图画成剖视后,其余视图仍应按完整的物体画出,如图 5.6(a)所示。

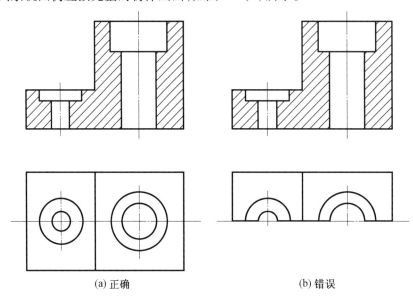

(a) 正确   (b) 错误

图 5.6 其余视图应按完整物体画出

(2)画剖视图时,剖切面后面的可见轮廓线,必须用粗实线画齐全,不能遗漏,也不能多画。如图 5.7 所示是剖视图中易漏图线的示例。

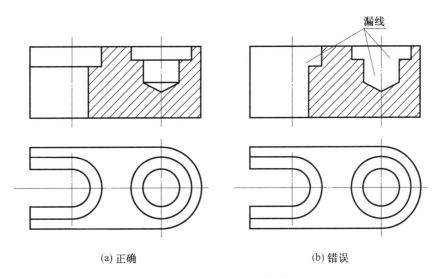

(a) 正确　　　　　　　　　　(b) 错误

图 5.7　剖视图中易漏的图线

　　(3)剖切平面后面的不可见部分的轮廓线——虚线,在不影响完整表达物体形状的前提下,剖视图上一般不画出,以增加图形的清晰性。但如画出少量虚线可减少视图数量时,也可画出必要的虚线,如图 5.8 所示。

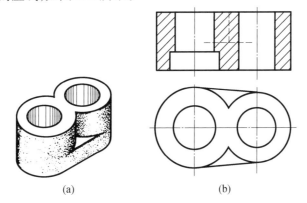

(a)　　　　　　　　(b)

图 5.8　剖视图中必要的虚线

5.2.2　剖视图的种类

根据剖切范围的大小,剖视图可分为全剖视图、半剖视图和局部剖视图。

1. 全剖视图

　　用剖切面完全地剖开物体所得的剖视图,称为全剖视图。前面介绍的剖视图均为全剖视图。

　　全剖视图用于表达内形复杂的不对称物体。为了便于标注尺寸,对于外形简单,且具有对称平面的物体也常采用全剖视图。

2. 半剖视图

　　当物体具有对称平面时,向垂直于对称平面的投影面上投射所得的图形,以对称中心线(细点画线)为界,一半画成视图用以表达外部结构形状,另一半画成剖视图用以表达内部结构形状,这种组合的图形称为半剖视图。如图 5.9 所示,主视图、俯视图均采用了半剖表达方法。

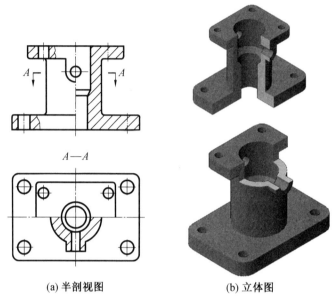

(a) 半剖视图　　　　　　　　(b) 立体图

图 5.9　半剖视图及立体图

半剖视图适用于内、外形状都比较复杂的对称物体。若物体的形状接近对称,且不对称部分已在其他视图上表示清楚时,也可以画成半剖视图。半剖视图的标注与全剖视图相同。

画半剖视图时应注意:

(1)半剖视图中视图与剖视图的分界线为点画线,不能画成粗实线。

(2)物体的内部结构在剖视部分已经表示清楚,在表达外形的视图部分不必再画出虚线。

半剖视图中,因为有些部分的形状只画出一半,所以标注尺寸时尺寸线上只能画出一端箭头,另一端只需超过中心线,不需画箭头。

例5.1　将图 5.10 中的主视图改画成半剖视图。

具体步骤如下:

(1)分析机件形状,如图 5.11 所示。

(2)假想移去机件左前半部分,如图 5.12 所示。

(3)绘制机件半剖视图,如图 5.13 所示。

3.局部剖视图

当物体尚有部分的内部结构形状未表达清楚,但又没有必要作全剖视图或不适合于作半剖视图时,可用剖切平面局部地剖开物体,所得的剖视图称为局部剖视图,如图 5.14 所示。局部剖切后,物体断裂处的分界线用波浪线表示。

局部剖视图既能把物体局部的内部形状表达清楚,又能保留物体的某些外形,是一种比较灵活的表达方法。局部剖视图适用于:

(1)物体只有局部结构需要剖切表示,而又没有必要作全剖视图,如图 5.15 所示。

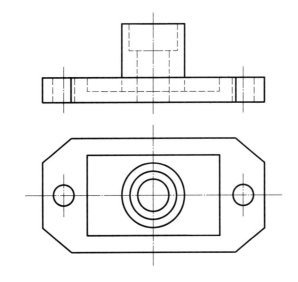

图 5.10　用视图表达的机件

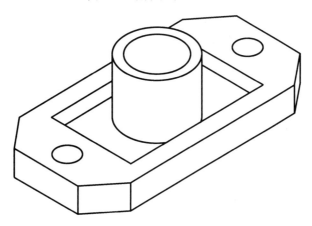

图 5.11　机件轴测图

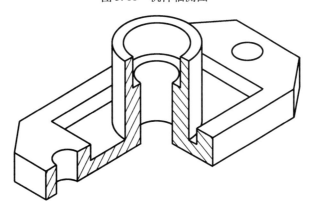

图 5.12　机件的半剖轴测图

（2）当物体不对称的内、外形都需要表达时，如图 5.16 所示。

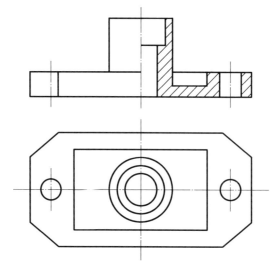

图 5.13　用半剖视图表达的机件

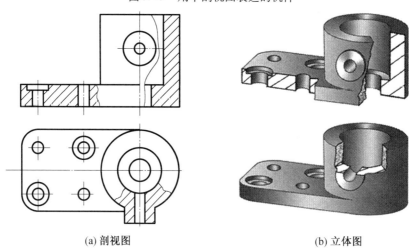

(a) 剖视图　　　　　　　　　　　(b) 立体图

图 5.14　局部剖视图

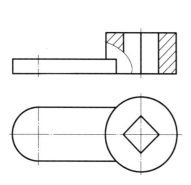

图 5.15　没有必要作全剖视图

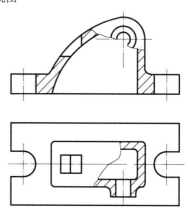

图 5.16　内、外形都需要表达

画局部剖视图时应注意：

（1）局部剖视图用波浪线与视图分界，波浪线应画在机件的实体部分，不能超出视图的轮廓线或与图样上其他图线重合，不能用轮廓线代替波浪线。

（2）波浪线应画在剖切到的实体部分，遇到孔、槽时应断开，正确图例如图 5.17 所示。

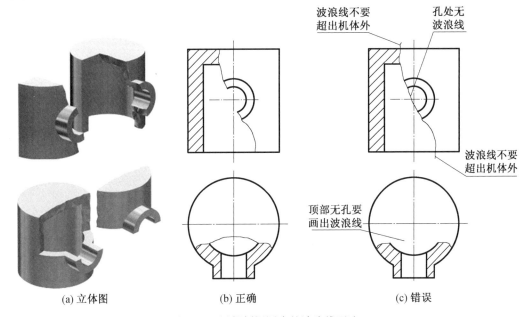

(a) 立体图　　　　　　　(b) 正确　　　　　　　(c) 错误

图 5.17　局部剖视图中的波浪线画法

（3）在一个图中局部剖视图不宜用得过多，以避免图形显得杂乱。局部剖视图的剖切范围可以根据需要而定，选择较灵活。

对于剖切位置比较明显的局部结构，一般不用标注。若剖切位置不够明显时，则应进行标注。

5.2.3　剖切面的种类

根据物体结构的特点，国家标准《技术制图》（GB/T 17452—1998）规定可用单一剖切面、几个平行的剖切平面、几个相交的剖切平面等剖切面剖开物体。

1. 单一剖切平面

单一剖切平面指用一个剖切平面剖切物体。

（1）平行于某一基本投影面的剖切平面。

前面介绍的剖视图，均为采用平行于基本投影面的单一剖切平面剖切得到的。

（2）不平行于任何基本投影面的剖切平面。

当物体上有倾斜部分的内部结构需要表达时，可和画斜视图一样，选择一个垂直于基本投影面且与所需表达部分平行的投影面，然后再用一个平行于这个投影面的剖切平面剖开物体，向这个投影面投射，这样得到该部分结构的实形。图 5.18 中的 *A—A* 剖视图就是采用不平行于基本投影面的单一剖切平面剖切得到的剖视图。主要用以表达倾斜部分的结构,物体上与基本投影面平行的部分剖视图不反映实形,一般应避免画出,常将它舍去画成局部视图。

画剖视时应注意以下几点:

①用不平行于任何基本投影面的剖切平面剖切的剖视图最好配置在与基本视图的相应部分保持直接投影关系的地方,标出剖切位置和字母,并用箭头表示投射方向,还要在该剖视图上方用相同的字母标明图的名称,如图 5.18(a)所示。

②为使视图布局合理,可将剖视图保持原来的倾斜程度,平移到图纸上适当的地方,如图 5.18(b)所示。为了画图方便,在不引起误解的情况下,还可把图形旋转到水平位置,表示该剖视图名称的大写字母应靠近旋转符号的箭头端,如图 5.18(c)所示。

③当剖视图的剖面线与主要轮廓线平行时,剖面线可改为与水平线成 30°或 60°角,原图形中的剖面线仍与水平线成 45°角,但同一物体中剖面线的倾斜方向应大致相同,如图 5.18 所示的主视图剖面线与水平线成 30°角。

(3)柱面剖切平面。

采用柱面剖切物体时,剖视图应按展开绘制,同时在剖视图名称后加注"展开"二字,如图 5.19 所示。

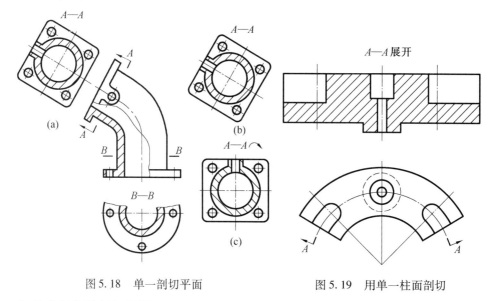

图 5.18　单一剖切平面　　　　　　图 5.19　用单一柱面剖切

2. 几个平行的剖切平面

当物体上的孔、槽的轴线或对称平面位于几个相互平行的平面上时,可以用几个与基本投影面平行的剖切平面剖切物体,再向基本投影面投射,如图 5.20 所示。

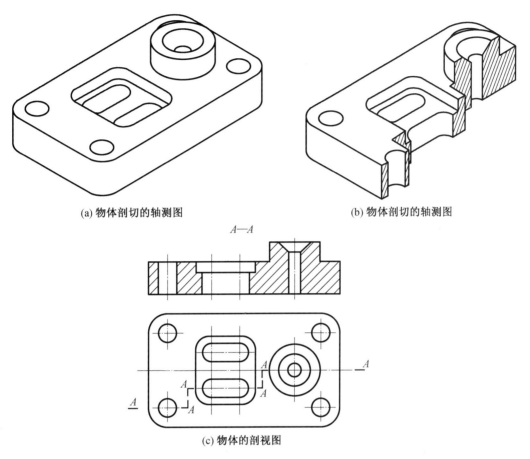

(a) 物体剖切的轴测图　　　　　(b) 物体剖切的轴测图

(c) 物体的剖视图

图 5.20　几个平行的剖切平面

（1）标注方法。

在剖视图上方标出相同字母的剖视图名称"×—×"。在相应视图上用剖切符号表示剖切位置，在剖切平面的起、迄和转折处标注相同字母，剖切符号两端用箭头表示投射方向。当剖视图按投影关系配置，中间又无其他图形隔开时，可省略箭头。

（2）画图时应注意的问题。

①在剖视图中，不应画出剖切平面转折处的投影，剖切面的转折处要画成直角，且不应与图中的轮廓线重合。

②用几个平行剖切平面画出的剖视图中，一般不允许出现不完整要素。仅当两个要素在图形上具有公共对称中心线或轴线时，可以以对称中心线或轴线为界各画一半。

3. 几个相交的剖切平面

当物体的内部结构形状用一个剖切平面不能表达完全，且这个物体整体上又具有回转轴时，可用几个相交的剖切平面（交线垂直于某一基本投影面）剖开物体，并将与投影面不平行的剖切平面剖开的结构及其有关部分旋转到与投影面平行再进行投射，如图5.21所示。

（1）标注方法。

在剖视图上方标出相同字母的剖视图名称"×—×"，在相应视图上用剖切符号表示剖切位置，在剖切平面的起、迄和转折处标注相同字母，剖切符号两端用箭头表示投射方向。当剖视图按投影关系配置，中间又无其他图形隔开时，可省略箭头，如图 5.21 所示。

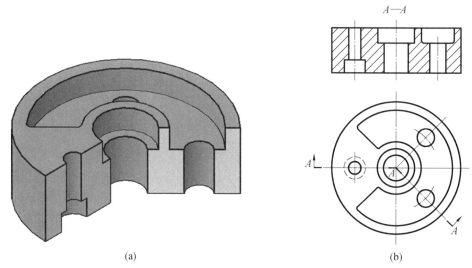

|(a)|(b)|

图 5.21　　两个相交的剖切面

（2）画图时应注意的问题。

①要按"先剖切后旋转"的方法绘制剖视图，即先假想用相交剖切平面剖开物体，然后将剖开的倾斜结构及其有关部分旋转到与选定的投影面平行的位置，再进行投射，但在剖切平面后的其他结构一般仍按原来位置投射，如图 5.22 中的油孔。

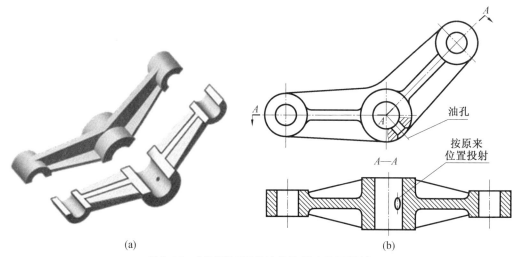

(a)　　　　　　　　　　　　　(b)

图 5.22　　剖切平面后的结构按原来位置投射

②当剖切后产生不完整要素时，应将此部分按不剖绘制，如图 5.23 所示。

4. 相交剖切平面与其他剖切平面的组合

如图 5.24 所示是平行的剖切平面和相交的剖切平面组合应用剖切物体的示例。

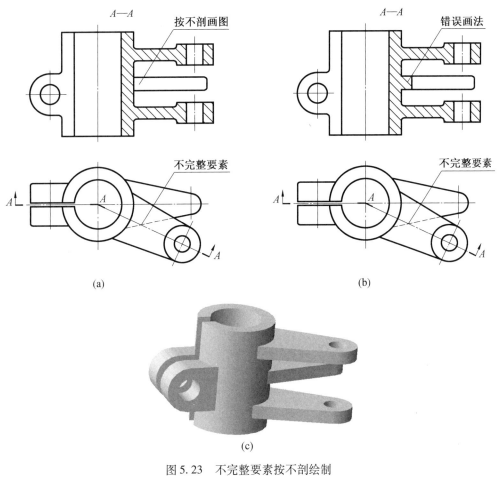

图 5.23 不完整要素按不剖绘制

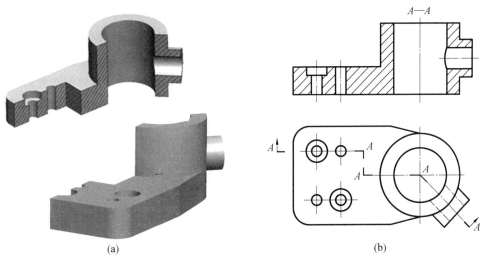

图 5.24 组合的剖切面

5.3　断　面　图

前面通过对剖视图的学习,我们掌握了零件内部空腔结构的表达方法,但是对于一些内部空腔结构较为简单的零件,使用剖视图表达就显得不够简练。如图5.25(a)所示的轴,零件形体以实心为主,空腔结构简单且范围不大。对于这种情况,我们可以选择在主视图基础上,再表达空腔部分的截断面,就可以清楚地反映出零件的形状,如图5.25(b)中的 A—A。

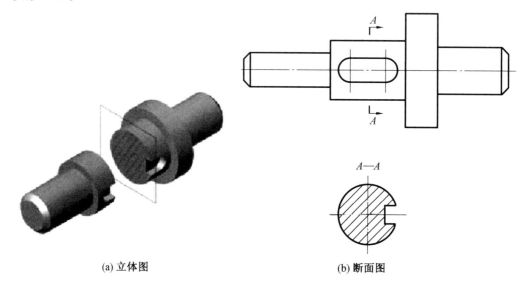

(a) 立体图　　　　　　　　　　　　(b) 断面图

图 5.25　轴的断面图

5.3.1　断面图的概念

假想用剖切平面将物体的某处切断,仅画出该剖切平面与物体接触部分的图形,称为断面图,简称断面,如图5.25(b)所示。

断面图与剖视图不同之处为:断面图只画出剖切平面和物体相交部分的断面形状,而剖视图则要求除了画出物体被剖切的断面图形外,还要画出剖切面后可见的轮廓线,如图5.26所示。

5.3.2　断面图的分类及画法

断面图按其在图纸上配置的位置不同,分为移出断面和重合断面两种。

1. 移出断面图

画在视图轮廓之外的断面图,称为移出断面图,如图5.27所示。

(1)移出断面图的画法。

移出断面的轮廓线用粗实线绘制,在断面上画出剖面符号。移出断面应尽量配置在剖切线的延长线上,必要时也可配置在其他适当位置,如图5.28所示。

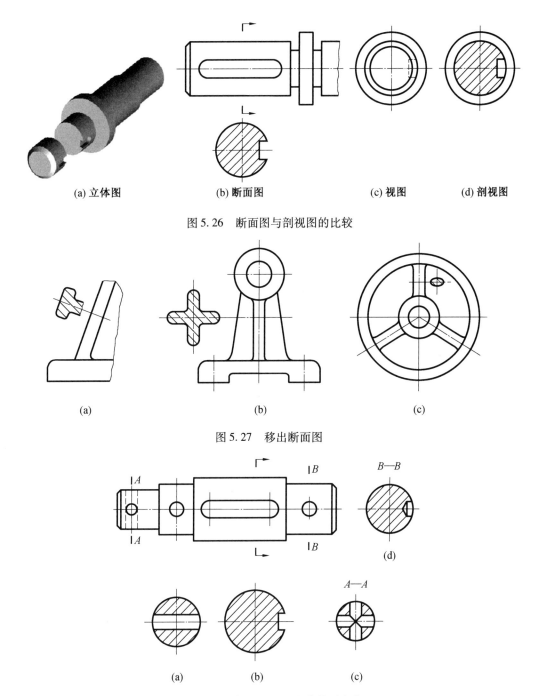

(a) 立体图　　　　　(b) 断面图　　　　　(c) 视图　　　(d) 剖视图

图 5.26　断面图与剖视图的比较

(a)　　　　　　　　　(b)　　　　　　　　　(c)

图 5.27　移出断面图

图 5.28　移出断面可配置在其他适当位置

画移出断面图时应注意以下几点：

①当剖切平面通过回转面形成的孔或凹坑的轴线时,这些结构应按剖视图绘制,如图 5.29 所示。

②当剖切平面通过非圆孔,会导致出现完全分离的两部分断面时,这样的结构也应按

剖视图绘制,如图 5.30 所示。

③由两个或多个相交的剖切平面剖切得出的移出断面,中间一般应断开绘制,如图 5.31 所示。

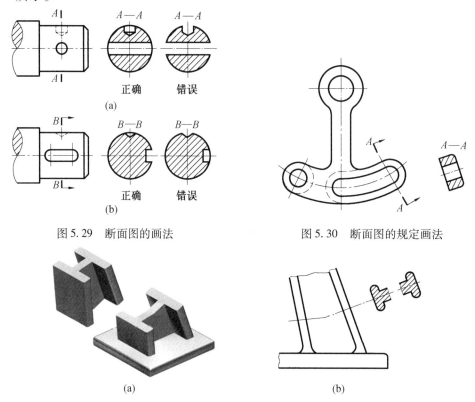

图 5.29　断面图的画法　　　　　　图 5.30　断面图的规定画法

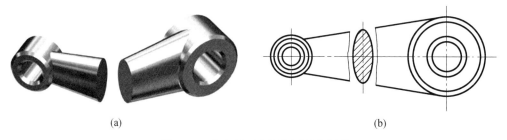

图 5.31　剖切平面相交时断面图的画法

④当断面图形对称时,也可将断面画在视图的中断处,如图 5.32 所示。

图 5.32　移出断面配置在视图中断处

(2)移出断面图的标注。

移出断面一般应在断面图上方用大写的拉丁字母标出断面图的名称"×—×",用剖切符号表示剖切位置,用箭头表示投射方向,并注上同样的字母,如图 5.25(b)所示。

①配置在剖切符号延长线上的不对称移出断面可省略字母,如图 5.28(b)所示。

②按基本视图位置配置的不对称移出断面和不配置在剖切延长线上的对称移出断面均省略箭头,如图 5.28(c)、(d)所示。

③配置在剖切符号延长线上的对称移出断面,可省略标注,如图5.28(a)所示。移出断面图的标注见表5.2。

表5.2　移出断面图的标注

断面形状	对称地移出断面	不对称地移出断面
配置在剖切线或剖切符号延长线上		
按投影关系配置	$A\|$　$A—A$　$A\|$　可省略箭头	$A\|$　$A—A$　$A\|$　可省略箭头
配置在其他位置	$A\|$　$A—A$　$A\|$　可省略箭头	$A\|$　$A—A$　$A\|$　应标注剖切符号(含箭头)和字母

2. 重合断面

画在视图轮廓之内的断面图,称为重合断面图,如图5.33所示。

(1)重合断面图的画法。

重合断面的轮廓线用细实线绘制。当视图中的轮廓线与重合断面的图形重叠时,视图中的轮廓线仍应连续画出,不可间断。重合断面图示例如图5.33和图5.34所示。

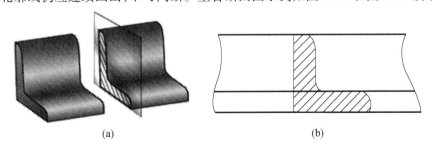

(a)　　　　　　　　　　　　　　　　(b)

图5.33　不对称的重合断面

(2)重合断面图的标注。

①不对称重合断面可省略标注,如图5.33所示。

②对称的重合断面不必标注,如图5.34、图5.35所示。

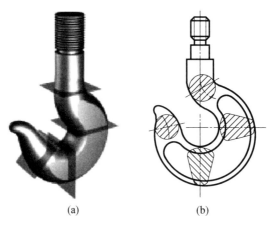

(a)　　　　　　　　　(b)

图 5.34　对称的重合断面 1

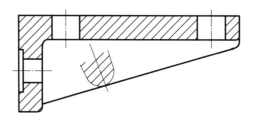

图 5.35　对称的重合断面 2

5.4　机件其他表达方法

我们前面分别学习了视图表达方法、剖视图表达方法和断面图表达方法,实际上对于真实零件其表达方法是多种多样的,并且往往是多种方法的综合应用。下面我们在此基础上对零件的表达方法予以拓展。

5.4.1　局部放大图

当物体的某些局部结构较小,在原定比例的图形中不易表达清楚或不便标注尺寸时,可将此局部结构用较大比例单独画出,这种图形称为局部放大图,如图 5.36 所示。此时,原视图中该部分结构也可简化表示。

局部放大图可画成视图、剖视图、断面图,它与被放大部分的表达方法无关。局部放大图应尽量配置在被放大部位的附近。

当物体上有几处被放大部位时,必须用罗马数字依次标明,并用细实线圆(或长圆)圈出,在相应的局部放大图上方标出相同数字和放大比例,如图 5.36(a)所示。如放大部位仅有一处,则不必标明数字,但必须标明放大比例,如图 5.36(b)所示。

5.4.2　简化画法

(1)对于物体上的肋板、轮辐及薄壁等结构,如果按纵向剖切,这些结构都不画剖面符号,而用粗实线将它们与其相邻结构分开,如图 5.37 所示。

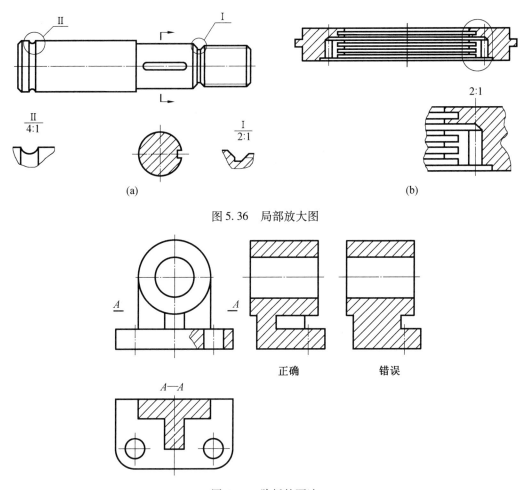

图 5.36　局部放大图

图 5.37　肋板的画法

　　(2)当零件回转体上均匀分布的肋板、轮辐、孔等结构不处于剖切平面上时,可将这些结构旋转到剖切平面上画出,如图 5.38 所示。

　　(3)当物体上具有若干相同结构(齿、槽、孔等),并按一定规律分布时,只需画出几个完整结构,其余用细实线相连或标明中心位置,并注明总数,如图 5.39 所示。

　　(4)当图形不能充分表达平面时,可用平面符号(相交两细实线)表示,如图 5.40 所示。

　　(5)为了节约绘图时间和图幅,对称或基本对称物体的视图,可只画一半或 1/4,并在对称中心线的两端画出两条与其垂直的平行细实线;也可使图形适当超过对称中心线,不画对称符号,如图 5.41 所示。

　　(6)较长的物体(如轴、杆、型材、连杆等)沿长度方向的形状一致,或按一定规律变化时,可断开后缩短绘制,但要标注实际尺寸,如图 5.42 所示。

　　(7)在不引起误解时,图中的过渡线、相贯线可以简化。例如,用圆弧或直线代替非圆曲线,如图 5.43 所示;也可采用模糊画法表示相贯线,如图 5.44 所示。

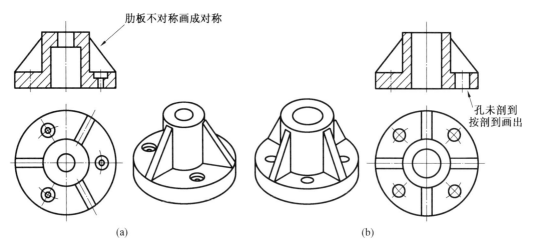

图 5.38　均匀分布的肋板和孔的画法

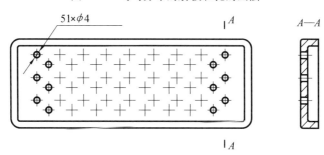

图 5.39　相同要素的简化画法

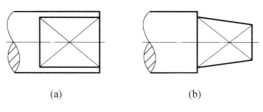

(a) (b)

图 5.40　平面符号

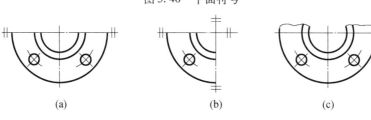

(a) (b) (c)

图 5.41　对称物体的简化画法

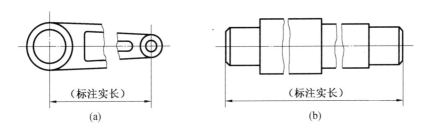

图 5.42　较长物体的折断画法

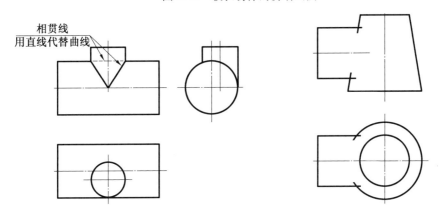

图 5.43　相贯线的简化画法　　　　　　图 5.44　相贯线的模糊画法

（8）与投影面倾斜角度小于或等于 30°的圆或圆弧,其投影可用圆或圆弧代替,如图 5.45 所示。

（9）型材(角钢、工字钢、槽钢)中的小斜度结构,在一个图中已表达清楚时,其他图形按小端画出,如图 5.46 所示。

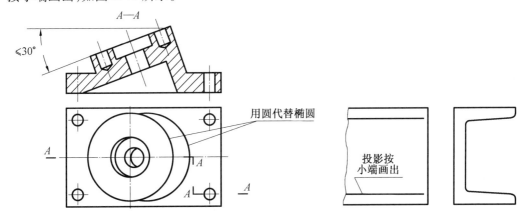

图 5.45　倾斜圆或圆弧的简化画法　　　　图 5.46　小斜度结构的简化画法

（10）对于网状物、编织物或物体上的滚花部分,可以在轮廓线附近用细实线示意画出,并在图上或技术要求中注明这些结构的具体要求,如图 5.47 所示。

（11）物体上的一些较小结构,如在一个图形中已表达清楚,其他图形可简化或省略,如图 5.48 所示。

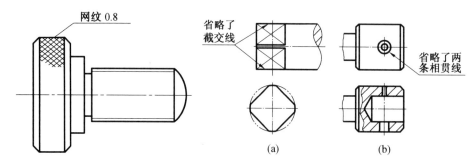

图 5.47　滚花的画法　　　　　　　图 5.48　物体上较小结构的简化画法

（12）在不致引起误解时,零件图中的小圆角或 45°小倒角允许省略不画,但必须注明,如图 5.49 所示。

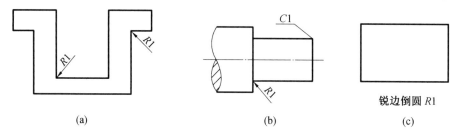

图 5.49　圆角、倒角的简化画法

第6章　标准件及常用件

生产实际中，有些零件被广泛地使用，如螺纹连接件和齿轮传动件等。国家对于广泛使用的零件制定了专门的标准，此类零件统称为标准件，标准件的结构、尺寸、标注都已经标准化。常见的标准件有：螺栓、螺钉、双头螺柱、螺母、垫圈、键、销、滚动轴承等。对齿轮、弹簧等在机械设备中使用较多且其部分结构也已经标准化的零件称为常用件。本章主要介绍常用零部件的规定画法、标注方法和识读方法。

6.1　螺　　纹

6.1.1　螺纹的基本概念

螺纹是指在圆柱或圆锥表面上，沿螺旋线所形成的具有相同剖面的连续凸起，一般称其为"牙"。螺纹分外螺纹和内螺纹两种，成对使用。在圆柱（或圆锥）外表面上加工的螺纹称为外螺纹；在圆柱（或圆锥）内表面上加工的螺纹称为内螺纹。

6.1.2　螺纹的基本要素

1. 牙型

在通过螺纹轴线剖切的断面上，螺纹的轮廓形状称为牙型。常见的牙型有三角形、梯形、锯齿形等，如图 6.1 所示。最常见的螺纹牙型是等边三角形，称为普通螺纹，用大写字母"M"表示。

2. 直径

螺纹的直径有大径、中径和小径三种，如图 6.2 所示。

大径（d、D）：与外螺纹的牙顶或内螺纹的牙底相重合的假想圆柱的直径，称为大径（外螺纹的大径用小写字母 d 表示，内螺纹的大径用大写字母 D 表示），大径是螺纹的最大直径。一般称大径为螺纹的公称直径。

小径（d_1、D_1）：与外螺纹的牙底或内螺纹的牙顶相重合的假想圆柱的直径，称为小径，小径是螺纹的最小直径。

中径（d_2、D_2）：中径是在大径和小径之间，其母线通过牙型上的沟槽宽度和凸起宽度相等的假想圆柱的直径。

3. 线数（n）

线数是指在同一圆柱面（或圆锥面）上轴向等距分布螺纹的条数，螺纹有单线和多线

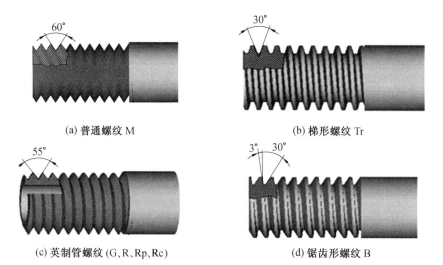

(a) 普通螺纹 M　　　　　　　　　　(b) 梯形螺纹 Tr

(c) 英制管螺纹 (G、R、Rp、Rc)　　　(d) 锯齿形螺纹 B

图 6.1　螺纹的牙型

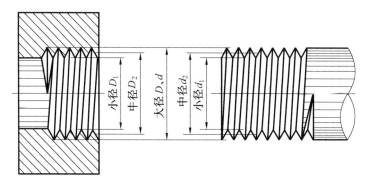

图 6.2　螺纹的直径

之分。只切削一条的称为单线螺纹,如图 6.3(a)所示。切削两条的称为双线螺纹,通常把切削两条或两条以上的称为多线螺纹,如图 6.3(b)所示。

4. 螺距(P)和导程(P_h)

相邻两牙在中径线上对应两点间的轴向距离称为螺距。

同一螺旋线上相邻两牙在中径线上对应两点之间的轴向距离称为导程。

螺距、导程、线数的关系为

$$导程(P_h) = 螺距(P) \times 线数(n)$$

单线螺纹的螺距和导程相同,而多线螺纹的螺距等于导程除以线数,如图 6.3 所示。

5. 旋向

螺纹有左、右旋之分,顺时针旋转时旋入的螺纹,称为右旋螺纹;逆时针旋转时旋入的螺纹,称为左旋螺纹。判别螺纹旋向时,可将外螺纹轴线铅垂放置,螺纹可见部分是自左向右升起,即右高左低者为右旋螺纹;自右向左升起,即左高右低者为左旋螺纹,如图 6.4

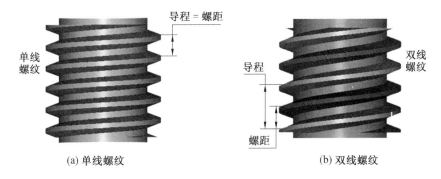

图 6.3　螺纹的线数、螺距和导程的关系

所示。

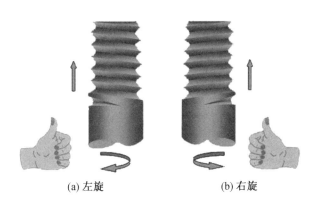

图 6.4　螺纹的旋向

　　若要把内、外螺纹装配在一起时,内、外螺纹牙型、大径、旋向、线数和螺距等五要素必须相同。

　　在上述螺纹的五个要素中,牙型、大径、螺距是决定螺纹结构规格的最基本要素。在实际生产中使用的各种螺纹,单线、右旋螺纹使用得较多,且绝大多数是标准螺纹。

6.1.3　螺纹的分类

1. 螺纹按标准化程度分类

螺纹按标准化程度分为:标准螺纹、特殊螺纹、非标准螺纹。

(1)标准螺纹:牙型、大径和螺距都符合国家标准的螺纹。

(2)特殊螺纹:螺纹仅牙型符合标准,大径或螺距不符合标准的螺纹。

(3)非标准螺纹:牙型不符合标准者,如方牙螺纹。

2. 螺纹按用途分类

螺纹按用途分为两大类,即连接螺纹和传动螺纹。

螺纹的种类和用途见表 6.1。

表 6.1　螺纹种类和用途

螺纹种类			特征代号	牙型图	用途
连接螺纹	普通螺纹	粗牙	M	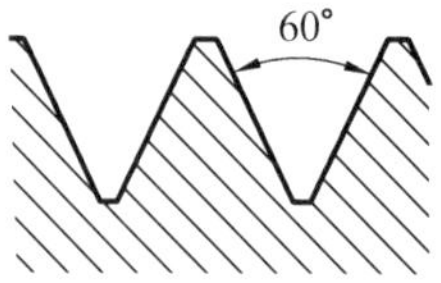 60°	最常用的连接螺纹
		细牙			用于细小的精密或薄壁零件
	管螺纹		G、R、Rp、Rc	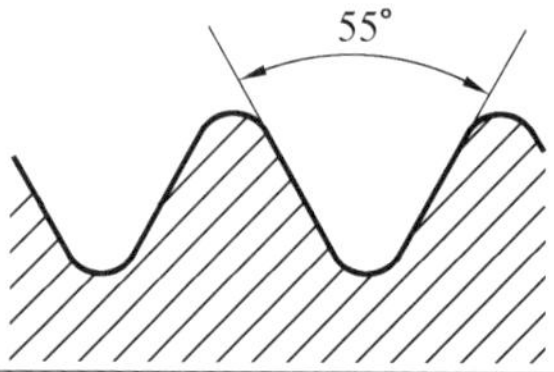 55°	用于水管、油管、气管等管路系统的连接。
传动螺纹	梯形螺纹		Tr	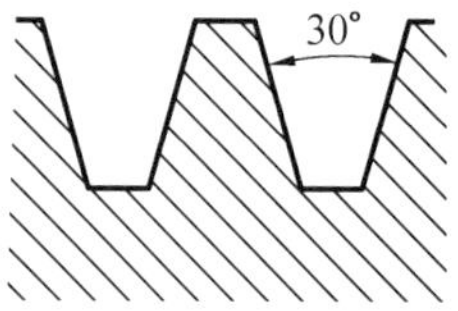 30°	用于各种机床的丝杠,用于传递运动
	锯齿形螺纹		B	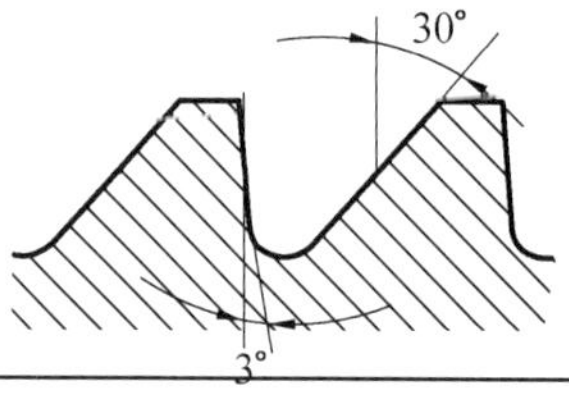 30°　3°	只能传递单方向的力

6.1.4　螺纹的规定画法

绘制螺纹的真实投影是十分繁琐的事情,并且在实际生产中也没有必要这样做。为了便于绘图,国家标准(GB/T 4459.1—1995)对螺纹的画法做了规定。按此画法作图并加以标注,就能清楚地表示螺纹的类型、规格和尺寸。

1. 外螺纹画法

外螺纹的牙顶(大径)用粗实线绘制,牙底(小径)用细实线绘制(小径一般近似取 $d_1 = 0.85d$),当外螺纹画出倒角时,应将表示牙底的细实线画入倒角部分,螺纹终止线用粗实线绘制。

在端视图(投影为圆的视图)中,表示牙底的细实线圆只画约 3/4 圈,轴端倒角圆省略不画,如图 6.5 所示。

2. 内螺纹的画法

内螺纹通常采用剖视画法,牙顶(小径)用粗实线绘制,牙底(大径)用细实线绘制,螺纹终止线用粗实线绘制,剖面线画到粗实线处,当内螺纹画出倒角时,不应将表示牙底的细实线画入倒角部分。

在端视图中,表示牙底的细实线圆只画约 3/4 圈,倒角圆省略不画,如图 6.6 所示。

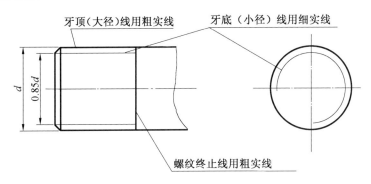

图 6.5　外螺纹的画法

对于不通螺孔,一般应将钻孔深度与螺纹深度分别画出。钻孔深度一般应比螺纹深度大
$0.5D$,其中 D 为螺纹大径,钻孔圆锥角为 $120°$。

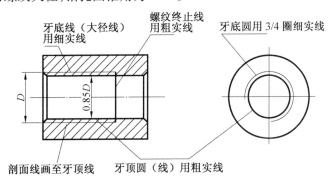

图 6.6　内螺纹的画法

不作剖视时,牙底、牙顶、螺纹终止线等均为虚线。

3. 螺纹连接的画法

在剖视图中,内外螺纹旋合部分按外螺纹的规定画法绘制,其余部分按各自的规定画
法绘制,如图 6.7 所示。表示内、外螺纹大径的细实线和粗实线,以及表示内、外螺纹小径
的粗实线和细实线必须分别对齐。

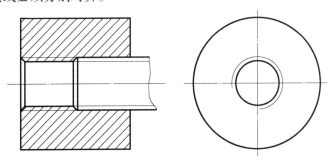

图 6.7　螺纹连接的画法

6.1.5　螺纹的标记与标注

由于各种螺纹的画法都是相同的,螺纹规定画法不能真实表示螺纹种类及各要素的大小,因此,在图样上要按规定格式表示各要素。国家标准规定,标准螺纹用规定的标记标注,并标注在螺纹的公称直径上,以区别不同种类的螺纹。

1. 普通螺纹的标记与标注

（1）普通螺纹的完整标记,由螺纹代号、螺纹公差带代号和螺纹旋合长度代号三部分组成。具体的标记格式如下：

　牙型符号　公称直径×螺距　旋向 − 中径公差带代号 顶径公差带代号 − 旋合长度代号

普通螺纹标记示例：

$$M30×2-5g\ 6g-S$$

该螺纹表示普通细牙外螺纹,其公称直径为30,螺距为2,右旋,中径、顶径公差带代号分别为5g、6g,旋合长度为短型。

普通螺纹注写代号时应注意：

①右旋螺纹不必注明旋向,而左旋螺纹应注代号"LH"。

②普通粗牙螺纹螺距只有一种,不必注出螺距;细牙螺纹与大径相对应的螺距有好几种,标注时必须注明螺距,如图6.8所示。

③螺纹公差带代号由数字及字母组成,阿拉伯数字表示公差等级,字母表示公差带位置,内螺纹用大写拉丁字母表示,外螺纹用小写拉丁字母表示,例如6H,6g等。螺纹公差带代号包括中径公差带代号和顶径公差带代号,如果中径公差带和顶径公差带相同,则只注一个代号。

④最常用的中等公差精度螺纹(公称直径≤1.4 mm 的 5H、6h 和公称直径≥1.6 mm 的 6H 和 6g)不标注公差带代号。

⑤旋合长度用字母 L(长)、N(中)、S(短)表示,一般采用中等旋合,其代号 N 可以省略。

（2）普通螺纹的尺寸应标注公称尺寸,注写在大径线上,如图6.8所示。

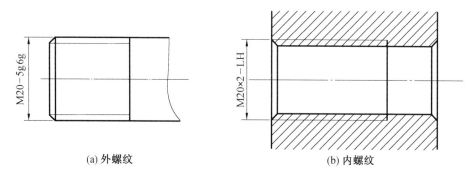

(a) 外螺纹　　　　　　　　　　　　　(b) 内螺纹

图 6.8　普通螺纹的标注

2. 梯形螺纹、锯齿形螺纹的标注

（1）梯形螺纹的完整标记,由螺纹代号、公差带代号及旋合长度代号三部分组成。具体的标记格式,分下列两种情况。

单线梯形螺纹代号:

$\boxed{牙型符号}\ \boxed{公称直径}\times\boxed{螺距}\ \boxed{旋向代号}-\boxed{中径公差带代号}-\boxed{旋合长度代号}$

多线梯形螺纹代号:

$\boxed{牙型符号}\ \boxed{公称直径}\times\boxed{导程(P\ 螺距)}\ \boxed{旋向代号}-\boxed{中径公差带代号}-\boxed{旋合长度代号}$

梯形螺纹标记示例:

$$Tr\ 36\times 12\ (P6)-7H$$

该螺纹表示梯形内螺纹,公称直径为 36,双线,导程为 12,螺距为 6,右旋,中径公差带为 7H,中等旋合长度。

梯形螺纹代号如框图所示,注写代号时应注意:

① 梯形螺纹若为单线螺纹只注螺距,而多线螺纹需标注导程和螺距。右旋螺纹不注旋向,若为左旋,应注代号“LH”。例如 Tr32×6LH,Tr32×6。

② 只注中径公差带。

③ 梯形螺纹的旋合长度分为中(N)和长(L)两组。当旋合长度为中(N)时,不标注代号“N”。内、外螺纹旋合时,标记如 Tr40×7-7H/7e。

锯齿形螺纹的标注与梯形螺纹基本一致。如 B40×10 – 7c,表示锯齿形外螺纹,公称直径为 40,螺距为 10,中径公差带代号 7c,右旋,中等旋合长度。

(2)梯形螺纹和锯齿形螺纹标注和普通螺纹要求一致,如图 6.9 所示。

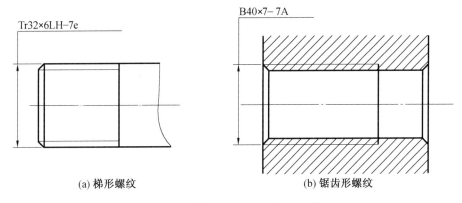

(a) 梯形螺纹　　　　　　　　　(b) 锯齿形螺纹

图 6.9　梯形螺纹和锯齿形螺纹的标注

3. 管螺纹的标注

管螺纹分为用螺纹密封的管螺纹和非螺纹密封的管螺纹。

(1)用螺纹密封的管螺纹代号:

$$\boxed{螺纹特征代号}\ \boxed{尺寸代号}-\boxed{旋向代号}$$

螺纹特征代号:Rc 表示圆锥内螺纹;Rp 表示圆柱内螺纹;R 表示圆锥外螺纹。

尺寸代号用 $1/2$、$3/4$、1、$1\frac{1}{4}$、$1\frac{1}{2}$……表示。

旋向代号:左旋用 LH 表示,右旋不注。

（2）非螺纹密封的管螺纹代号：

$$\boxed{螺纹特征代号}\ \boxed{尺寸代号}\ \boxed{公差等级代号}-\boxed{旋向代号}$$

非螺纹密封的内、外管螺纹，特征代号为"G"。

尺寸代号用 $1/2$、$3/4$、1、$1\frac{1}{4}$、$1\frac{1}{2}$……表示。

公差等级代号：外螺纹分 A、B 两个公差等级；内螺纹公差等级只有一种，故不加标记。

（3）管螺纹的公称直径（尺寸代号）不表示螺纹大径，也不是管螺纹本身任何一个直径的尺寸，而一般是指加工有管螺纹或圆锥管螺纹的管子的通孔直径，因而用指引线指在管螺纹大径上来标注，单位为吋（英寸，1 英寸 = 25.4 mm）。管螺纹的大径、中径、小径及螺距等具体尺寸，可通过查阅相关标准获取。

6.2　螺纹紧固件

螺纹的常见用途是制成螺纹连接件使用。螺纹连接件是标准件，不画零件图，只画装配图。常见的螺纹连接形式有：螺栓连接、双头螺柱连接和螺钉连接。

6.2.1　常用螺纹连接件的种类和标记

常用的螺纹连接件有螺栓、双头螺柱、螺钉、螺母、垫圈等，如图 6.10 所示。它们的结构、尺寸都已标准化。使用时，可从附表的标准中查出所需的结构和尺寸。

标准的螺纹连接件标记的内容有：名称、标准编号、螺纹规格×公称长度，常用螺纹连接件的标记示例见表 6.2。

(a)六角头螺栓　　(b)双头螺柱　　(c)内六角圆柱螺钉　　(d)开槽沉头螺钉　　(e)开槽盘头螺钉

(f)紧定螺钉　　(g)普通平垫圈　　(h)弹簧垫圈　　(i)I 型六角螺母

图 6.10　常用的螺纹连接件

表 6.2 常用螺纹连接件的标记示例

名　称	标记示例	说　明
螺栓	螺栓 GB/T 5782—2000 M10×50	螺纹规格 d=M10、公称长度 l=50 mm(不包括头部)的六角头螺栓
双头螺柱	螺柱 GB/T 898—1988 M12×40	螺纹规格 d=M12、公称长度 l=40 mm(不包括旋入端)的双头螺柱
螺母	螺母 GB/T 6170—2000 M16	螺纹规格 D=M16 的六角螺母
平垫圈	垫圈 GB/T 97.2—2002　8	公称尺寸 d=8 mm、硬度等级为 200 HV,不经表面处理的倒角型平垫圈
弹簧垫圈	垫圈 GB/T 93—1987 20	规格(螺纹大径)为 20 mm 的弹簧垫圈
螺钉	螺钉 GB/T 65—2000　　M10×40	螺纹规格 d=M10、公称长度 l=40 mm(不包括头部)的开槽圆柱头螺钉
紧定螺钉	螺钉 GB/T 71—1985　　M5×12	螺纹规格 d=M5、公称长度 l=12 mm 的开槽锥端紧定螺钉

　　为了提高画图速度,螺纹连接件各部分的尺寸(除公称长度外)都可用 d(或 D)的一定比例画出,称为比例画法(也称简化画法)。画图时,螺纹连接件的公称长度 l 由被连接零件的有关厚度等尺寸决定。

　　各种常用螺纹连接件的比例画法见表 6.3。

表 6.3　各种常用螺纹连接件的比例画法

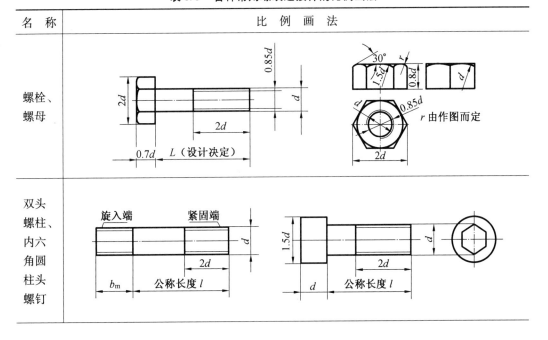

名　称	比　例　画　法
螺栓、螺母	
双头螺柱、内六角圆柱头螺钉	

续表 6.3

名　称	比　例　画　法
开槽 圆柱 头螺 钉、 沉头 螺钉	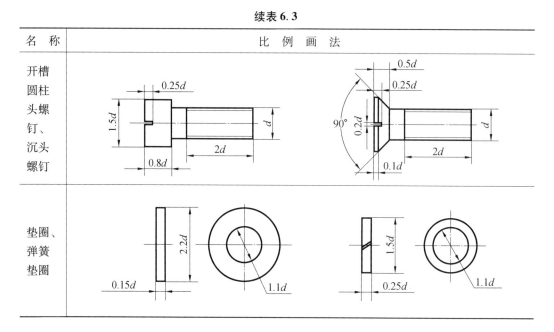
垫圈、 弹簧 垫圈	

6.2.2　螺栓连接的画法

螺栓连接由螺栓、螺母、垫圈组成。螺栓连接是将螺栓的杆身穿过两个被连接件的通孔,套上垫圈,再用螺母拧紧,使两个零件连接在一起的一种连接方式。螺栓连接用于连接两个不太厚、容易钻出通孔的零件。

在装配图中,螺栓、螺母、垫圈常采用比例画法,根据螺栓的公称直径 d 按表6.3 中比例关系画出各连接件,其画法如图6.11 所示。

画图时需知道螺纹连接件的型式、大径和被连接零件的厚度,从有关标准中查出螺栓、螺母、垫圈的相关尺寸,螺栓的长度 l 应按下式估算:

$$l \approx t_1 + t_2 + 0.15d(垫圈厚) + 0.8d(螺母厚) + 0.3d(螺纹余量)$$

根据上式估算出螺栓长度,再从附表的螺栓标准所规定的长度系列中选取接近的标准长度。

为了保证成组多个螺栓装配方便,不因上、下板孔间距误差造成装配困难,被连接零件上的孔径一般比螺纹大径大些,画图时按 1.1d 画出。同时,螺栓上的螺纹终止线应低于通孔的顶面,以显示拧紧螺母时有足够的螺纹长度。

画螺纹连接件的装配图时应注意下列几点:

(1)当剖切平面通过螺纹连接件的轴线时,螺栓、螺柱、螺钉、螺母及垫圈等螺纹连接件均按未剖切绘制。螺纹连接件上的工艺结构,如倒角、退刀槽等均可省略不画。

(2)两个被剖开的连接件其剖面线方向应相反。同一个零件在各视图中,剖面线的倾斜方向和间隔都应相同。

(3)凡不接触的相邻表面,无论间隙大小,在图上应画出间隙,间隙过小时按夸大画法画出。两接触表面之间,只画一条轮廓线。

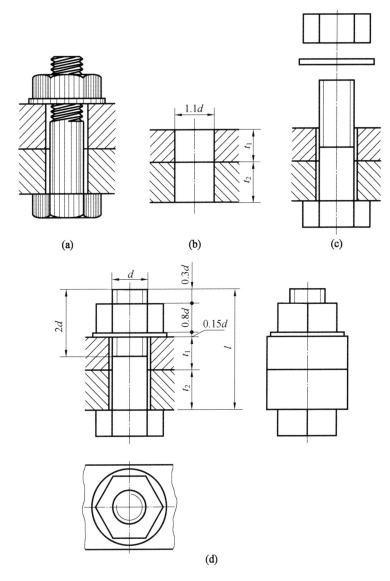

图 6.11 螺栓连接的规定画法

6.2.3 螺钉连接的画法

螺钉连接不用螺母,而是将螺钉直接拧入零件的螺孔里,依靠螺钉头部压紧零件。一般是在较厚的零件上加工出螺孔,而在另一被连接零件上加工成通孔,然后把螺钉穿过通孔旋进螺孔,从而达到连接的目的,其连接画法如图 6.12 所示。

螺钉连接多用于受力不大、不常拆卸,而且被连接件之一较厚的场合。

螺钉的有效长度 l 应按下式估算:

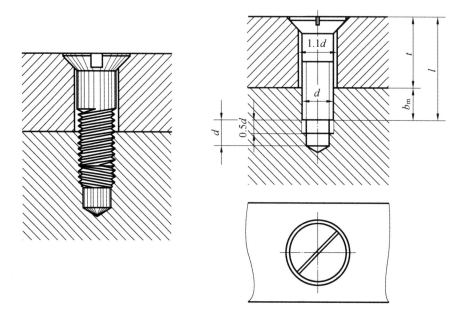

图 6.12　螺钉连接比例的画法

$$l \approx t(被连接零件的厚度)+b_m(螺钉旋入零件的长度)$$

螺钉旋入零件的长度 b_m 根据被旋入零件的材料而定,对于钢和青铜 $b_m = d$(GB/T 897—1988),对于铸铁 $b_m = 1.25d$(GB/T 898—1988)或 $b_m = 1.5d$(GB/T 899—1988),对于铝 $b_m = 2d$(GB/T 900—1988)。然后根据估算出的数值,再从附表的螺钉标准所规定的长度系列中,选取接近的标准长度。

为了使螺钉能压紧被连接零件,螺钉的螺纹终止线应高出螺孔的端面,或在螺杆的全长上都有螺纹。螺钉头部的一字槽用加粗的粗实线($2d$)表示,在反映为圆的视图上按与水平方向成 45°角画出,如图 6.12 所示。圆柱头螺钉连接如图 6.13 所示。

在装配图中,对于不穿通的螺孔,也可以不画出钻孔深度,而仅按螺纹的深度画出。

紧定螺钉用来固定两零件的相对位置,使它们不产生相对运动。

紧定螺钉分为柱端、锥端和平端三种。柱端紧定螺钉利用其端部小圆柱插入物体小孔或环槽中起定位、固定作用,阻止物体移动;锥端紧定螺钉利用端部锥面顶入物体小锥坑中,起定位、固定作用,如图 6.14 所示。平端紧定螺钉则依靠其端面与物体的摩擦力起定位作用。三种紧定螺钉能承受的横向力递减。

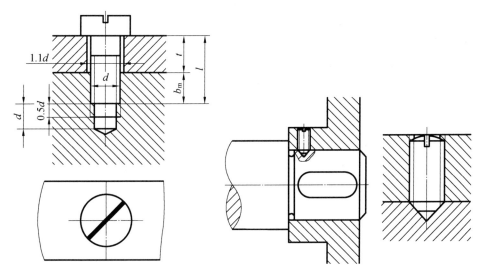

图 6.13　圆柱头螺钉连接的比例画法　　　　　图 6.14　紧定螺钉连接的画法

6.2.4　双头螺柱连接的画法

双头螺柱连接由双头螺柱、螺母、垫圈组成。连接方式是在零件上加工出螺孔,使双头螺柱的旋入端全部旋入螺孔,而紧固端穿过另一被连接零件的通孔,然后套上垫圈,再拧紧螺母,其连接画法如图 6.15 所示。在拆卸时只需拧出螺母、取下垫圈,而不必拧出螺柱,因此采用这种连接不会损坏被连接件上的螺孔。双头螺柱连接一般用于被连接件之一比较厚或不允许加工成通孔、不便使用螺栓连接、拆卸频繁或者不宜使用螺钉连接的场合。

双头螺柱的有效长度 l 应按下式估算,即

$l \approx t($被连接零件的厚度$)+0.15d($垫圈厚度$)+0.8d($螺母厚度$)+0.3d($螺纹余量$)$

双头螺柱旋入零件一端的长度 b_m 和螺钉连接的要求相同。然后根据估算出的数值 l,再从附表的双头螺柱标准所规定的长度系列中,选取接近的标准长度。

双头螺柱的旋入端应全部拧入零件的螺孔内,所以螺纹终止线与两零件的接触面平齐。为确保旋入端全部旋入,零件上螺孔的螺纹深度应大于旋入端的螺纹长度 b_m。在画图时,螺孔的螺纹深度可按 $b_\mathrm{m}+0.5d$ 画出,钻孔深度可按 $b_\mathrm{m}+d$ 画出,也可以不画出钻孔深度,而仅按螺纹的深度画出。

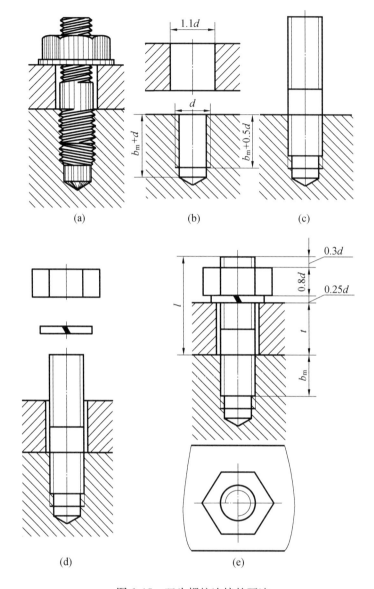

图 6.15　双头螺柱连接的画法

6.3　齿　　轮

　　齿轮是广泛应用于机器中的传动零件。齿轮的参数中只有模数、齿形角已经标准化，属于常用件。它不仅可以用来传递动力，也可改变转速和旋转方向。齿轮的种类很多，常用的齿轮按两轴的相对位置不同分如下三类：

　　(1)圆柱齿轮传动——用于两轴平行时，如图 6.16(a)所示。

　　(2)圆锥齿轮传动——用于两轴相交时，如图 6.16(b)所示。

　　(3)蜗轮蜗杆传动——用于两轴交叉时，如图 6.16(c)所示。

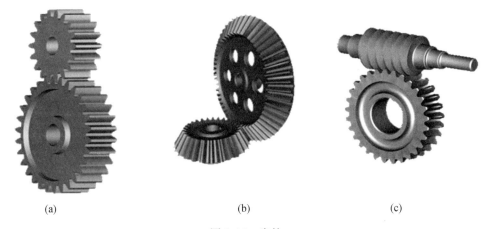

(a)　　　　　　　　　　　(b)　　　　　　　　　　　(c)

图 6.16　齿轮

　　齿轮传动中最常见的是圆柱齿轮传动。圆柱齿轮按其齿的方向分为直齿、斜齿和人字齿等。其中最常用的是直齿圆柱齿轮。齿轮一般由轮齿、幅板(或幅条)、轮毂等组成。本节主要介绍直齿圆柱齿轮的基本参数及画法。

　　现以标准直齿圆柱齿轮为例,说明直齿圆柱齿轮各部分的名称和尺寸关系,如图6.17 所示。

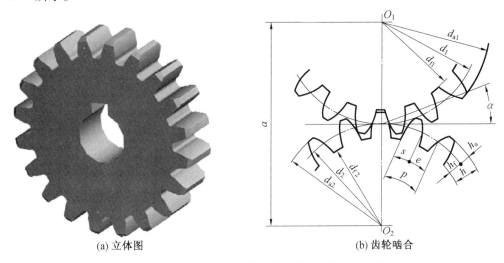

(a) 立体图　　　　　　　　　　　(b) 齿轮啮合

图 6.17　直齿圆柱齿轮轮齿各部分的名称和尺寸关系

6.3.1　直齿圆柱齿轮轮齿的各部分名称及尺寸关系

　　(1)齿顶圆:通过轮齿顶部的圆,其直径用 d_a 表示。

　　(2)齿根圆:通过轮齿根部的圆,其直径用 d_f 表示。

　　(3)分度圆:设计、制造齿轮时计算轮齿各部分尺寸的基准圆,也是分齿的圆,所以称为分度圆,其直径用 d 表示。

　　(4)齿距:在分度圆周上相邻两齿对应点之间的弧长,用 p 表示。

　　(5)齿厚和槽宽:一个轮齿在分度圆上的弧长称为齿厚,用 s 表示;一个齿槽在分度圆上的弧长为槽宽,用 e 表示。在标准齿轮中,齿厚与槽宽各为齿距的一半,即 $s=e=p/2$,$p=s+e$。

(6)齿高:齿顶圆到齿根圆之间的径向距离称为齿高,用 h 表示。分度圆到齿顶圆之间的径向距离为齿顶高,用 h_a 表示。分度圆到齿根圆之间的径向距离为齿根高,用 h_f 表示。齿高是齿顶高与齿根高之和,即

$$h=h_a+h_f$$

(7)模数:以 z 表示齿轮的齿数,齿轮上有多少齿,在分度圆周上就有多少齿距,因此,分度圆周长=齿距×齿数,即

$$\pi d=pz$$

$$d=\frac{p}{\pi}z$$

令 $m=p/\pi$,则 $d=mz$,m 为齿轮的模数,m 越大,其齿距 p 也越大,齿厚 s 也越厚,因而齿轮承载能力也越大。模数是设计和制造齿轮的基本参数,不同模数的齿轮,要用不同模数的刀具来制造。为了便于设计和制造,减少齿轮成形刀具的规格,模数已经标准化,我国规定的标准模数值见表 6.4。

表 6.4　齿轮模数系列(摘自 GB/T 1357—1987)　　　　　　　　　　　mm

第一系列	1　1.25　1.5　2　2.5　3　4　5　6　8　10　12　16　20　25　32　40　50
第二系列	1.75　2.25　2.75　(3.25)　3.5　(3.75)　4.5　5.5 (6.5) 7　9　(11)　14 18　22 28　36　45

注:选用时,优先选用第一系列

(8)齿形角:齿轮的齿廓曲线与分度圆交点 P 的径向距离与齿廓在该点处的切线所夹的锐角 α 称为分度圆齿形角,通常所称齿形角是指分度圆齿形角,我国标准齿轮的分度圆齿形角为20°。

只有模数和齿形角都相同的齿轮才能相互啮合。

在设计齿轮时要先确定模数和齿数,其他各部分尺寸都可由模数和齿数计算出来。标准直齿圆柱齿轮各部分的尺寸关系见表6.5。

表6.5　直齿圆柱齿轮各部分的尺寸关系

名称	代号	公　式
模数	m	由设计确定
齿顶高	h_a	$h_a=m$
齿根高	h_f	$h_f=1.25m$
齿高	h	$h=h_a+h_f=2.25m$
分度圆直径	d	$d=mz$
齿顶圆直径	d_a	$d_a=d+2h_a=m(z+2)$
齿根圆直径	d_f	$d_f=d-2h_f=m(z-2.5)$
齿距	p	$p=\pi m$
中心距	a	$a=(d_1+d_2)/2=m(z_1+z_2)/2$

6.3.2　直齿圆柱齿轮的画法

1. 单个圆柱齿轮的画法

国家标准规定,齿顶圆和齿顶线用粗实线绘制,分度圆和分度线用点画线绘制,齿根圆和齿根线用细实线绘制(或省略不画)。

在剖视图中,当剖切平面通过齿轮的轴线时,轮齿一律按不剖处理,齿根线用粗实线绘制,如图 6.18 所示。

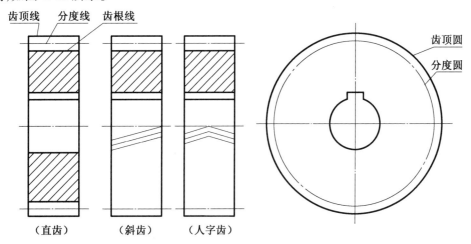

图 6.18　单个圆柱齿轮的规定画法

2. 圆柱齿轮的啮合画法

在端面视图中,啮合区内的齿顶圆用粗实线绘制,如图 6.19(a)所示,也可省略不画,如图 6.19(b)所示。相切的两个分度圆用点画线绘制。齿根圆省略不画。

若不作剖视,则啮合区内的齿顶线不必画出,此时分度圆相切,如图 6.19(b)所示。

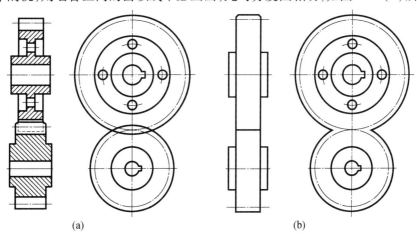

图 6.19　齿轮啮合的规定画法

在剖视图上,啮合区内一个齿轮的轮齿用粗实线绘制,另一个齿轮的轮齿被遮挡的部分用虚线绘制,虚线也可省略不画,如图6.20所示。

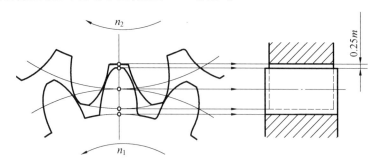

图6.20　两个齿轮啮合的间隙

6.4　键、销连接

6.4.1　键　连　接

为了使齿轮、皮带轮等零件和轴一起转动,通常在轮毂和轴上分别加工出键槽,用键将轴、轮连接起来,如图6.21所示。在被连接的轴上和轮毂孔中加工出键槽,先将键嵌入轴上的键槽内,再对准轮毂孔中的键槽(该键槽一般是穿通的),将它们装配在一起,便可以达到连接轴和轮的目的。

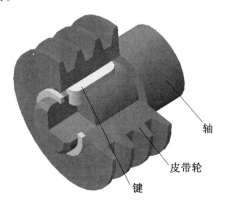

图6.21　键连接

1.常用键的型号

常用键有普通平键、半圆键和钩头楔键等多种。最常用的普通平键又有 A 型(圆头)、B 型(平头)和 C 型(单圆头)三种。键是标准件,其结构型式和尺寸都有相应的规定。键与键槽的型式和尺寸可从有关的标准中查出,表6.6列举了常用键的型式和规定标记。

表 6.6　键的型式和标记示例　　　　　　　　　　　　　mm

名称	图　　例	标记示例
普通平键		圆头普通平键(A 型),$b=12$,$h=8$,$l=40$; GB/T 1096—2003　键 12×8×40
半圆键		半圆键,$b=6$,$h=11$,$d_1=25$,$l=24.5$; GB/T 1099—2003 键 6×11×25
钩头楔键		钩头楔键,$b=18$,$h=11$,$l=100$; GB/T 1565—2003 键 18×100

2. 普通平键键槽的画法和尺寸标注

键槽的型式和尺寸,也随键的标准化而有相应的标准(见附表)。设计时,键槽的宽度、深度和键的宽度、高度等尺寸,可根据被连接的轴径在有关标准中查得。轴上的键槽长和键长,应根据键的受力情况和轮毂宽等,在键的长度标准系列中选用(键长不超过轮毂宽)。

例如,已知轴径 $d=20$,轮毂宽25,采用圆头普通平键,确定键槽的尺寸。从附表4中查得:键槽宽度 $b=6$,轴上的键槽深度 $t=3.5$,轮毂上的键槽深度 $t_1=2.8$。轴上键槽长 l 取标准值20。键槽深度在图中标注为 $d-t=20-3.5=16.5$,$d+t_1=20+2.8=22.8$,如图6.22 所示。

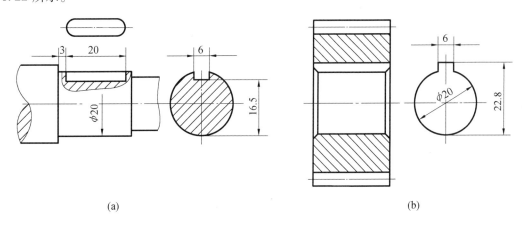

(a)　　　　　　　　　　　　　　　　(b)

图 6.22　键槽的画法及尺寸标注

3. 普通平键连接的装配图的画法

普通平键连接装配图的画法如图 6.23 所示,绘图时应注意以下几点:

(1)连接时,普通平键的两侧面是工作面,它与轴、轮毂的键槽两侧面相接触,分别只画一条线。

(2)键的上、下底面为非工作面,上底面与轮毂槽顶面之间留有一定的间隙,用夸大画法画两条线。

(3)在反映键长方向的剖视图中,轴采用局部剖时,键按不剖处理。

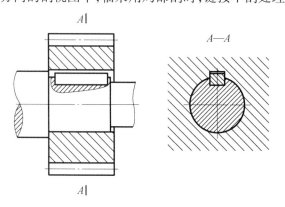

图 6.23 普通平键连接装配图的画法

6.4.2 销 连 接

常用的销有圆柱销、圆锥销和开口销等。圆柱销和圆锥销用作零件间的连接或定位;开口销用来防止连接螺母松动或固定其他零件。

销为标准件,其规格、尺寸可从有关标准中查得。表 6.7 为销的形式和标记示例。

表 6.7 销的形式、画法和标记

名称	图 例	标记示例
圆锥销		公称直径 $d=6$,长度 $l=30$,材料为 35 钢,热处理硬度 28~38HRC、表面氧化处理的 A 型圆锥销: 销 GB/T 117—2000 6×30 (圆锥销的公称直径是指小端直径)
圆柱销		公称直径 $d=8$,公差为 m6,长度 $l=30$,材料为 35 钢,不经淬火,表面不经处理的圆柱销: 销 GB/T 119—2000 8 m6×30
开口销		公称直径 $d=5$,长度 $l=50$,材料为 Q215、不经表面处理的开口销: 销 GB/T 91—2000 5×50

圆柱销和圆锥销的装配图画法如图 6.24(a)、(b)所示。

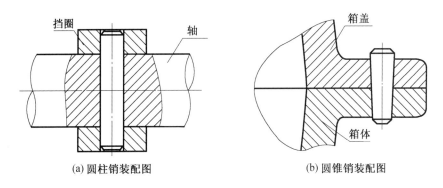

(a) 圆柱销装配图　　　　　　　　　(b) 圆锥销装配图

图 6.24　销连接的装配图画法

　　圆柱销或圆锥销的装配要求较高,销孔一般要在被连接零件装配时同时加工,这一要求需要在相应的零件图上注明,如图 6.25 所示。锥销孔的公称直径指圆锥销的小端直径,标注时应采用旁注法。锥销孔加工时按公称直径先钻孔,再选用定值铰刀扩铰成锥孔。

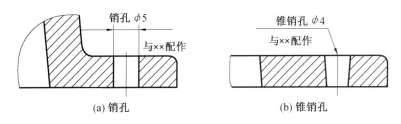

(a) 销孔　　　　　　　　　　　(b) 锥销孔

图 6.25　销孔的尺寸标注

6.5　滚动轴承

　　轴承有滑动轴承和滚动轴承两种,它们的作用是支持轴旋转及承受轴上的载荷。由于其结构紧凑、摩擦力小,所以在生产中广泛使用。

　　滚动轴承是一种标准组件,由专门的标准件工厂生产,用时可根据要求确定型号,选购即可。在设计机器时,滚动轴承不必画出零件图,只需在装配图中按规定画法画出。

6.5.1　滚动轴承的构造、类型

1. 滚动轴承的结构

滚动轴承一般由内圈、外圈、滚动体、保持架等零件组成,如图 6.26 所示。

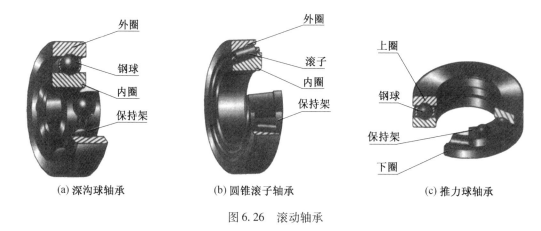

(a) 深沟球轴承　　　　　　(b) 圆锥滚子轴承　　　　　　(c) 推力球轴承

图 6.26　滚动轴承

2. 滚动轴承的类型

（1）径向轴承：适用于承受径向载荷，如深沟球轴承，如图 6.26（a）所示。

（2）径向推力轴承：适用于同时承受轴向和径向载荷，如圆锥滚子轴承，如图 6.26（b）所示。

（3）推力轴承：适用于承受轴向载荷，如推力球轴承，如图 6.26（c）所示。

6.5.2　滚动轴承的代号

滚动轴承的种类很多，为了便于选用，国家标准规定用代号来表示滚动轴承。代号能表示出滚动轴承的结构、尺寸、公差等级和技术性能等特性。

滚动轴承代号由字母和数字组成。完整的代号包括前置代号、基本代号和后置代号三部分，其排列方式如下：

前置代号　　　基本代号　　　后置代号

1. 基本代号

基本代号表示轴承的基本类型、结构和尺寸，是轴承代号的基础。它由轴承类型代号、尺寸系列代号、内径代号构成，基本方式如下：

轴承类型代号　　　尺寸系列代号　　　内径代号

（1）轴承类型代号。

轴承类型代号用数字或字母来表示，见表 6.8。轴承类型代号有的可以省略，如双列角接触球轴承的代号"0"均不写，调心球轴承的代号"1"有时也可省略。区分类型的另一重要标志是标准号，每一类轴承都有一个标准编号，例如，双列角接触球轴承标准编号为 GB/T 296—1994；调心球轴承标准编号为 GB/T 281—1994。

表 6.8　轴承类型代号

代号	轴承类型	代号	轴承类型
0	双列角接触球轴承	6	深沟球轴承
1	调心球轴承	7	角接触球轴承
2	调心滚子轴承	8	推力圆柱滚子轴承
3	圆锥滚子轴承	N	圆柱滚子轴承
4	双列深沟球轴承	U	外球面球轴承
5	推力球轴承	QJ	四点接触球轴承

（2）尺寸系列代号。

尺寸系列代号由轴承的宽（高）度系列代号（一位数字）和直径系列代号（一位数字）左右排列组成。它反映了同种轴承在内圈孔径相同时，内、外圈的宽度、厚度和滚动体大小不同的轴承。尺寸系列代号不同的轴承其外廓尺寸不同，承载能力也不同。

尺寸系列代号有时可以省略：除圆锥滚子轴承外，其余各类轴承宽度系列代号"0"均省略；深沟球轴承和角接触球轴承的 10 尺寸系列代号中的"1"可以省略；双列深沟球轴承的宽度系列代号"2"可以省略。

（3）内径代号。

内径代号表示轴承的公称内径，表示滚动轴承内圈孔径，其与轴产生配合，是一个重要参数，轴承内径代号见表 6.9。

表 6.9　轴承内径代号

轴承公称内径 d/mm		内径代号	示　例
0.6～10（非整数）		用公称内径毫米数值直接表示，在其与尺寸系列号之间用"/"分开	深沟球轴承 618/2.5 $d=2.5$ mm
1～9（整数）		用公称内径毫米数值直接表示，对深沟及角接触球轴承 7、8、9 直径系列，内径与尺寸系列代号之间用"/"分开	深沟球轴承 625 深沟球轴承 618/5 $d=5$ mm
10～17	10	00	深沟球轴承 6200 $d=10$ mm
	12	01	
	15	02	
	17	03	
20～480（22、28、32 除外）		公称内径除以 5 的商数，商数为个位数，需在商数左边加"0"，如 08	深沟球轴承 6208 $d=40$ mm
≥500 以及 22、28、32		用公称内径毫米数值直接表示，但在与尺寸系列之间用"/"分开	深沟球轴承 62/500 $d=500$ mm 深沟球轴承 62/22 $d=22$ mm

轴承基本代号举例如图 6.27 所示。

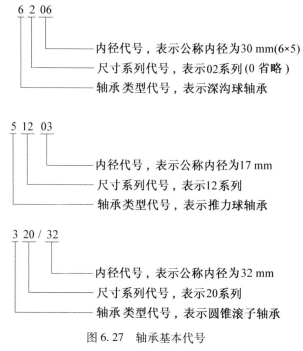

图 6.27　轴承基本代号

当只需表示类型时,常将右边的几位数字用 0 表示,如 6000 就表示深沟球轴承,3000 表示圆锥滚子轴承。

2. 前置、后置代号

前置代号用字母表示,后置代号用字母(或字母和数字)表示。前置、后置代号是轴承在结构形状、尺寸、公差、技术要求等有改变时,在基本代号左右添加的代号。

关于代号的其他内容可以查阅有关手册。

6.5.3　滚动轴承的画法

在装配图中,滚动轴承可以用三种画法来绘制,这三种画法是:通用画法、特征画法和规定画法。前两种属于简化画法,在同一图样中一般只采用一种画法。

1. 基本规定

(1)通用画法、特征画法及规定画法中的各种符号、矩形线框和轮廓线均用粗实线绘制。

(2)绘制滚动轴承时,其矩形线框或外框轮廓的大小应与滚动轴承的外形尺寸一致,并与所属图样采用同一比例。

(3)在剖视图中采用通用画法和特征画法绘制滚动轴承时,一律不画剖面线,采用规定画法时滚动体不画剖面线,而内、外圈的剖面线的方向和间隔相同。

2. 通用画法

在剖视图中,当不需要确切地表示滚动轴承的外形轮廓、载荷特征、结构特征时,可采用矩形线框及位于线框中央正立的十字形符号表示滚动轴承,如图 6.28 所示。

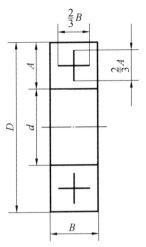

图 6.28　滚动轴承的通用画法

3. 特征画法

在剖视图中,如需要比较形象地表示滚动轴承的结构特征时,可采用在矩形线框内画出其结构要素符号的方法表示,具体画法见表 6.10。

4. 规定画法

在装配图中,规定画法一般采用剖视图绘制在轴的一侧,另一侧按通用画法绘制,具体画法见表 6.10。

表 6.10　常用滚动轴承的画法

名称	深沟球轴承	圆锥滚子轴承	推力球轴承
特征画法			
规定画法			

对于这三种画法,国家标准《机械制图 滚动轴承表示法》(GB/T 4459.7—1998)做了如下规定:

(1)通用画法、特征画法和规定画法中的各种符号、矩形线框和轮廓线均采用粗实线绘制。

(2)绘制滚动轴承时,其矩形线框和外框轮廓的大小应与滚动轴承的外形尺寸一致,并与所属图样采用同一比例。

(3)在剖视图中,采用通用画法和特征画法绘制滚动轴承时,一律不画剖面符号。采用规定画法绘制时,轴承的滚动体不画剖面线,其各套圈可画成方向和间隔相同的剖面线。如轴承带有其他零件或附件(如偏心套、紧定套、挡圈等)时,其剖面线应与套圈的剖面线呈现不同方向或不同间隔。在不致引起误解时,剖面线也允许省略不画。

第7章 零 件 图

零件是组成机器或部件的基本单元。表示零件结构、大小及技术要求的图样称为零件图。零件图不仅反映设计者的设计思路,而且是生产中指导制造和检验零件的主要依据。

本章将重点介绍绘制和识读零件图的基本方法,并简要介绍零件图的尺寸标注、零件的工艺结构、表面粗糙度、极限与配合及几何公差等内容。

7.1　零件图的内容

零件图必须包含制造和检验零件的全部技术资料。因此,一张完整的零件图一般应包括以下几项内容,如图7.1所示。

(1)一组图形。用于正确、完整、清晰和简便地表达出零件内外形状的图形,其中包括机件的各种表达方法,如视图、剖视图、断面图、局部放大图和简化画法等。

(2)完整的尺寸。零件图中应正确、完整、清晰、合理地注出制造零件所需的全部尺寸。

(3)技术要求。零件图中必须用规定的代号、数字、字母和文字注解说明制造和检验零件时在技术指标上应达到的要求。如:表面粗糙度、尺寸公差、形位公差、材料和热处理、检验方法以及其他特殊要求等。技术要求的文字一般注写在标题栏上方图纸空白处。

(4)标题栏。题栏应配置在图框的右下角。它一般由更改区、签字区、其他区、名称以及代号区组成。填写的内容主要有零件的名称、材料、数量、比例、图样代号以及设计、审核、批准者的姓名、日期等。标题栏的尺寸和格式已经标准化,可参见有关标准。

7.2　零件的视图选择

零件的视图选择,应首先考虑看图方便。根据零件的结构特点,选用适当的表达方法。由于零件的结构形状是多种多样的,所以在画图前,应对零件进行结构、形状分析,结合零件的工作位置和加工位置,选择最能反映零件形状特征的视图作为主视图,并选好其他视图,以确定一组最佳的表达方案。选择表达方案的原则是:在完整、清晰地表示零件形状的前提下,力求制图简便。

7.2.1　零件分析

零件分析是认识零件的过程,也是确定零件表达方案的前提。零件的结构形状、工作位置或加工位置不同,视图选择也往往不同。因此,在选择视图之前,应首先对零件进行形体分析和结构分析,并了解零件的工作和加工情况,以便确切地表达零件的结构形状,反映零件的设计和工艺要求。

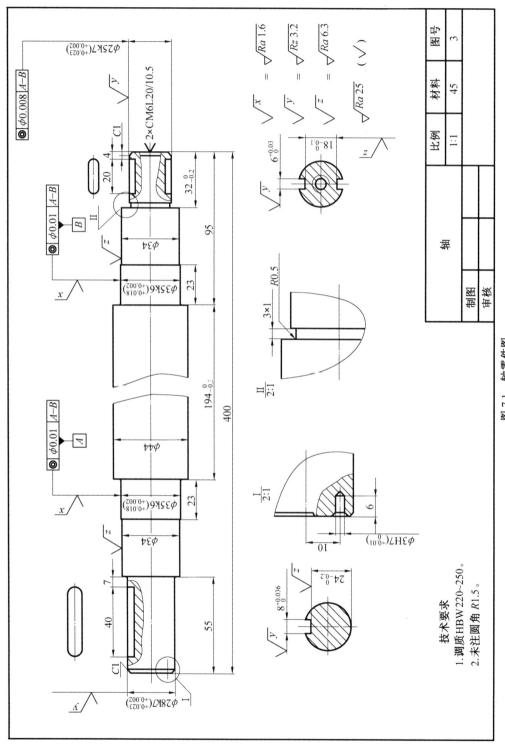

图 7.1　轴零件图

7.2.2 主视图的选择

主视图是表达零件形状最重要的视图,其选择是否合理将直接影响其他视图的选择以及看图是否方便,甚至影响到画图时图幅的合理利用。选择最能反映零件形状特征的方向作为主视图的投射方向,确定零件的安放位置应考虑加工位置原则、工作位置原则或自然安放位置原则。

一般来说,轴套类零件主视图的选择应满足加工位置原则。加工位置是零件在加工时所处的位置。主视图应尽量表示零件在机床上加工时所处的位置,这样在加工时可以直接进行图物对照,既便于看图和测量尺寸,又可减少差错。如图 7.2 所示的轴套类零件的加工,大部分工序是在车床或磨床上进行,因此通常要按加工位置(即轴线水平放置)画其主视图。这样既可把各段形体的相对位置表示清楚,同时又能反映出轴上轴肩、退刀槽等结构。

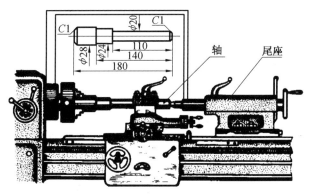

图 7.2 轴套类零件的加工位置

轴套类零件主要结构形状是回转体,一般只画一个主视图。确定了主视图后,由于轴上的各段形体的直径尺寸在其数字前加注符号“ϕ”表示,因此不必画出其左(或右)视图。对于零件上的键槽、孔等结构,一般可采用局部视图、局部剖视图、移出断面和局部放大图表示。

7.2.3 选择其他视图

一般来讲,仅用一个主视图是不能完全反映零件的结构形状的,必须选择其他视图,包括剖视、断面、局部放大图和简化画法等各种表达方法。主视图确定后,对其表达未尽的部分,再选择其他视图予以完善表达。具体选用时,应注意以下几点:

(1)根据零件的复杂程度及内、外结构形状,全面地考虑还需要的其他视图,使每个所选视图应具有独立存在的意义及明确的表达重点,注意避免不必要的细节重复,在明确表达零件的前提下,使视图数量为最少。

(2)优先考虑采用基本视图,当有内部结构时应尽量在基本视图上作剖视。对尚未表达清楚的局部结构和倾斜部分结构,可增加必要的局部(剖)视图和局部放大图。有关的视图应尽量保持直接投影关系,配置在相关视图附近。

(3)按照视图对表达零件形状正确、完整、清晰、简便的要求,进一步综合、比较、调整、完善,选出最佳的表达方案。

7.3　零件图的尺寸标注

7.3.1　基本要求

零件上各部分的大小是按照图样上所标注的尺寸进行制造和检验的。零件图中的尺寸,不但要按前面的要求做到正确、完整、清晰,而且应满足合理性要求。所谓合理,是指所注的尺寸既符合零件的设计要求,又便于加工和检验(即满足工艺要求)。本节将重点介绍标注尺寸的合理性问题。

7.3.2　尺寸基准

零件图尺寸标注既要保证设计要求又要满足工艺要求,首先应当正确选择尺寸基准。所谓尺寸基准,就是指零件装配到机器上或在加工测量时,用以确定其位置的一些面、线或点。它可以是零件上对称平面、安装底平面、端面、零件的结合面、主要孔和轴的轴线等。

选择尺寸基准的目的:一是为了确定零件在机器中的位置或零件上几何元素的位置,以符合设计要求;二是为了在制作零件时,确定测量尺寸的起点位置,便于加工和测量,以符合工艺要求。因此,根据基准的功能不同,将尺寸基准分为设计基准和工艺基准。

1. 设计基准

根据零件结构特点和设计要求而选定的基准,称为设计基准。零件有长、宽、高三个方向,每个方向都要有一个设计基准,该基准又称为主要基准。对于轴套类和轮盘类零件,实际设计中经常采用的是轴向设计基准和径向设计基准,如图 7.3 所示。

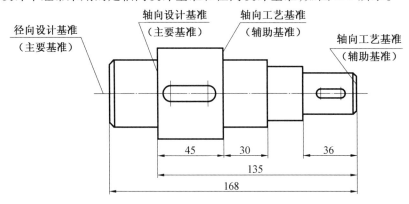

图 7.3　轴类零件的基准

2. 工艺基准

在加工时,确定零件装夹位置和刀具位置的一些基准以及检测时所使用的基准,称为工艺基准。工艺基准有时可能与设计基准重合,该基准不与设计基准重合时又称为辅助基准。零件同一方向有多个尺寸基准时,主要基准只有一个,其余均为辅助基准,辅助基准必有一个尺寸与主要基准相联系,该尺寸称为联系尺寸。

选择基准的原则是:尽可能使设计基准与工艺基准一致,以减少两个基准不重合而引起的尺寸误差。当设计基准与工艺基准不一致时,应以保证设计要求为主,将重要尺寸从设计基准处注出,次要基准从工艺基准处注出,以便加工和测量。

7.3.3 合理选择标注尺寸应注意的问题

1. 结构上的重要尺寸必须直接注出

重要尺寸是指零件上与机器的使用性能和装配质量有关的尺寸,这类尺寸应从设计基准直接注出。如图 7.4 中的高度尺寸 30±0.08 和安装孔的中心距 38 为重要尺寸,应直接从主要基准直接注出,以保证精度要求,图 7.4(b)中的标注为不合理标注。

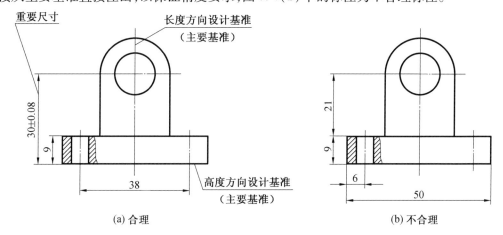

图 7.4 重要尺寸从设计基准直接注出

2. 避免出现封闭的尺寸链

封闭的尺寸链是指一个零件同一方向上的尺寸像链条一样,一环扣一环首尾相连,成为封闭形状。如图 7.5(a)所示,各分段尺寸与总体尺寸间形成封闭的尺寸链,在机器生产中这是不允许的,因为各段尺寸加工不可能绝对准确,总有一定尺寸误差,而各段尺寸误差的和不可能正好等于总体尺寸的误差。在标注尺寸时,应将次要的轴段尺寸空出不注(称为开口环),如图 7.5(b)所示。这样,其他各段加工的误差都积累至这个不要求检验的尺寸上,而全长及主要轴段的尺寸则因此得到保证。如需标注开口环的尺寸时,可将其注成参考尺寸,如图 7.5(c)所示。

3. 考虑零件加工、测量和制造的要求

(1)考虑加工看图方便。不同加工方法所用尺寸分开标注,便于看图加工,如图 7.6 所示,是把车削与铣削所需的尺寸分开标注。

(2)考虑测量方便。尺寸标注有多种方案,但要注意所注尺寸是否便于测量,如图 7.7 所示结构,两种不同标注方案中,不便于测量的标注方案是不合理的。图 7.7(a)和图 7.7(c)是合理的方案,图 7.7(b)和图 7.7(d)不便于测量。

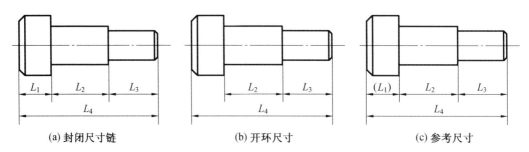

(a) 封闭尺寸链　　　　　　(b) 开环尺寸　　　　　　(c) 参考尺寸

图 7.5　避免形成封闭的尺寸链

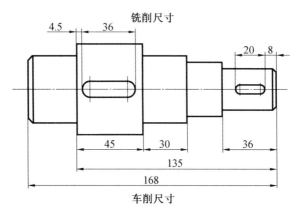

图 7.6　按加工方法标注尺寸

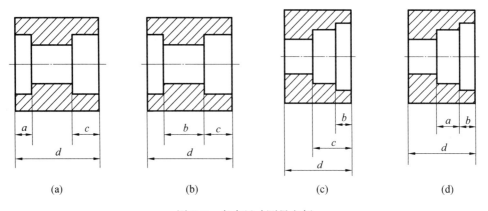

(a)　　　　　　(b)　　　　　　(c)　　　　　　(d)

图 7.7　考虑尺寸测量方便

4. 退刀槽和砂轮越程槽

在车削或磨削加工时,为便于刀具或砂轮进入或退出加工面,以及在装配时保证与相邻零件靠紧,常在加工表面的终端预先加工出退刀槽或砂轮越程槽。退刀槽一般可按"槽宽×直径"或"槽宽×槽深"的形式标注,如图 7.8 所示。砂轮越程槽常用局部放大图画出。

5. 倒角和圆角

为了避免应力集中,轴肩、孔肩转角处常加工成环面过渡,称为倒圆(圆角)。为防止

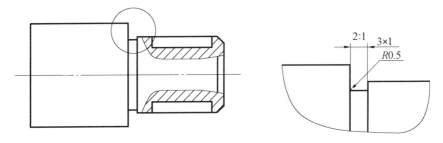

图 7.8 退刀槽的标注

零件的毛刺划伤人手和便于装配,常在轴或孔的端部加工出 45°或 30°、60°的锥台,称其为倒角。倒角为 45°时代号为 C,可与倒角的轴向尺寸连注,不是 45°时要分开标注,如图 7.9 所示。

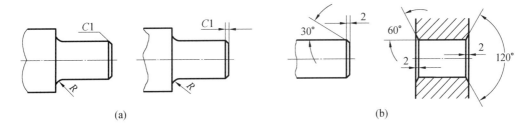

      (a)   (b)

图 7.9 倒圆和倒角的标注

6. 平面的标注

圆柱表面切割的平面应标注切平面的位置和轴向长度,而不应标注交线的尺寸,如图 7.10 所示。

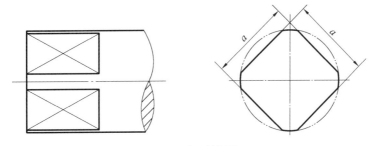

图 7.10 平面的标注

7. 键槽的标注

为了便于加工和选择刀具,一般应标注长度、宽度和深度等,如图 7.11 所示。

8. 锥度的标注

当轴上有锥度且锥度要求不高时,按图 7.12(a)的标注方法标注锥度;当锥度要求准确并要保证一端直径尺寸时,按 7.12(b)的标注方法标注锥度。

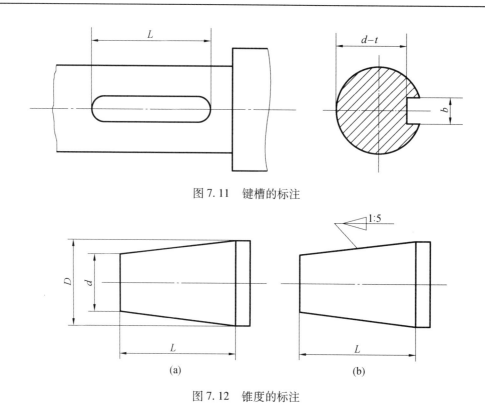

图 7.11　键槽的标注

图 7.12　锥度的标注

7.4　零件的尺寸极限与配合

7.4.1　互　换　性

在日常生活中,如果汽车的零件坏了,买个新的换上即可使用,这是因为这些零件具有互换性。所谓零件的互换性,就是从一批相同的零件中任取一件,不经修配就能装配使用,并能保证使用性能要求,零件的这种性质称为互换性。零件具有互换性,不但给装配、修理机器带来方便,还可用专用设备生产,既提高产品数量和质量,又降低产品的成本。要满足零件的互换性,就要求有配合关系的尺寸,使其在一个允许的范围内变动,并且在制造上又是经济合理的。公差配合制度是实现互换性的重要基础。

7.4.2　极限与配合的基本概念

在零件加工过程中,由于各种因素的影响,零件的尺寸不可能做得绝对准确,是存在误差的。为了保证互换性,必须将零件尺寸的加工误差限制在一定的范围内,规定出加工尺寸的可变动量,这种规定的实际尺寸允许的变动量称为公差。

1.公称尺寸

由图样规范的理想形状要素的尺寸。

2. 实际尺寸

通过测量所得到的尺寸。

3. 极限尺寸

允许尺寸变化的两个界限值。它以公称尺寸为基数来确定。两个界限值中较大的一个称为上极限尺寸,较小的一个称为下极限尺寸。

4. 尺寸偏差

某一尺寸减其相应的公称尺寸所得的代数差,称为尺寸偏差(简称偏差)。

$$上极限偏差 = 上极限尺寸 - 公称尺寸$$
$$下极限偏差 = 下极限尺寸 - 公称尺寸$$

上、下极限偏差统称极限偏差。上、下极限偏差可以是正值、负值或零。国家标准规定:孔的上极限偏差代号为 ES,孔的下极限偏差代号为 EI;轴的上极限偏差代号为 es,轴的下极限偏差代号为 ei。

5. 尺寸公差

允许实际尺寸的变动量称为尺寸公差(简称公差)。因为上极限尺寸总是大于下极限尺寸,所以尺寸公差一定为正值,用 T 表示(图 7.13)。

尺寸公差 T = 上极限尺寸 - 下极限尺寸 = 上极限偏差 - 下极限偏差

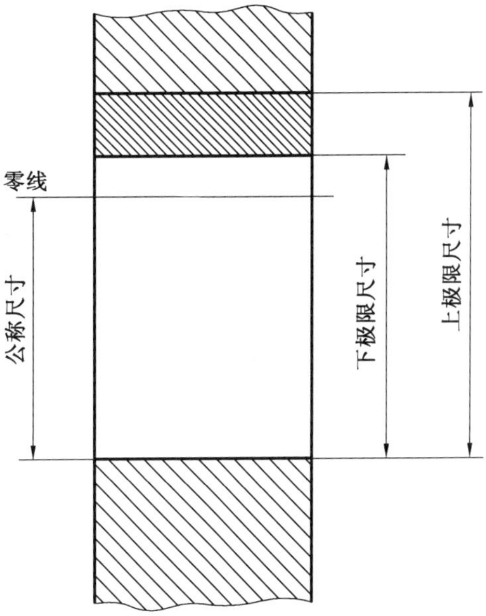

6. 公差带和零线

由代表上、下偏差的两条直线所限定的一个区域称为公差带。为了便于分析,一般将尺寸公差与公称尺寸的关系,按放大比例画成简图,称为公差带图,如图 7.14 所示。在公差带图中,确定偏差的一条基准直线,称为零偏差线,简称零线,通常零线位置表示公称尺寸,如图 7.13 所示。

图 7.13 尺寸公差

7. 标准公差

标准公差是用以确定公差带大小的任一公差。国家标准将公差等级分为 20 级:IT01、IT0、IT1 ~ IT18。"IT"表示标准公差,公差等级的代号用阿拉伯数字表示。IT01 ~ IT18,精度等级依次降低。同一公差等级对所有公称尺寸的一组公差,被认为具有同等精确程度。在一般机器的配合尺寸中,孔用 IT6 ~ IT12 级表示,轴用 IT5 ~ IT12 级表示。在保证产品质量的前提下,应选用较低的公差等级。标准公差的数值取决于公差等级和公称尺寸,标准公差等级数值可查有关技术标准。

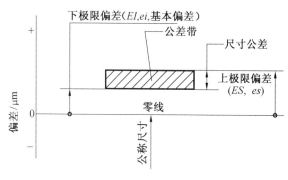

图 7.14　公差带图

8. 基本偏差

基本偏差是用以确定公差带相对于零线位置的上偏差或下偏差。一般指靠近零线的那个偏差。根据实际需要,国家标准分别对孔和轴各规定了 28 个不同的基本偏差,称为基本偏差系列。轴和孔的基本偏差系列如图 7.15 所示。

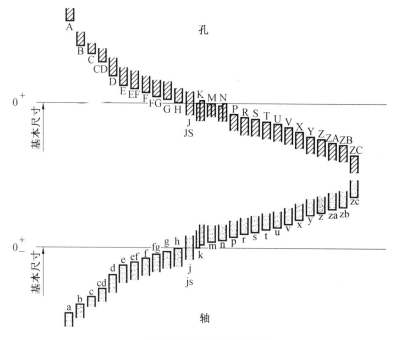

图 7.15　基本偏差系列

基本偏差用拉丁字母表示,大写字母代表孔,小写字母代表轴。

公差带位于零线之上,基本偏差为下极限偏差;公差带位于零线之下,基本偏差为上极限偏差。

9. 孔、轴的公差带代号

公差带代号由基本偏差与公差等级代号组成,并且要用同一号字母书写。例如 $\phi50H8$ 的含义是:此公差带的全称是公称尺寸为 $\phi50$,公差等级为 8 级,基本偏差为 H 的孔的公差带;又如 $\phi50f8$ 的含义是:此公差带的全称是公称尺寸为 $\phi50$,公差等级为 8 级,基本偏差为 f 的轴的公差带,如图 7.16 所示。

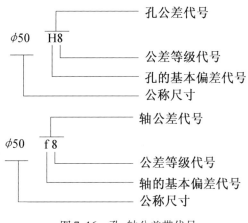

图 7.16 孔、轴公差带代号

7.4.3 配 合

公称尺寸相同,相互结合的孔和轴公差带之间的关系称为配合。

1. 配合的种类

根据机器的设计要求和生产实际的需要,国家标准将配合分为三类:

(1)间隙配合。

孔的公差带完全在轴的公差带之上,任取其中一对轴和孔相配都称为具有间隙的配合(包括最小间隙为零),如图 7.17 所示。

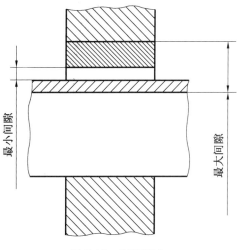

图 7.17 间隙配合

(2)过渡配合。

孔和轴的公差带相互交叠,任取其中一对孔和轴相配合,可能具有间隙,也可能过盈的配合,如图 7.18 所示。

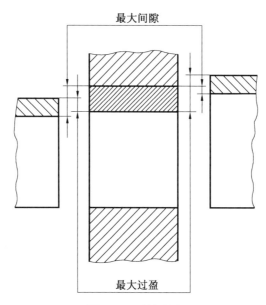

图 7.18　过渡配合

（3）过盈配合。

孔的公差带完全在轴的公差带之下，任取其中一对轴和孔相配都称为具有过盈的配合（包括最小过盈为零），如图 7.19 所示。

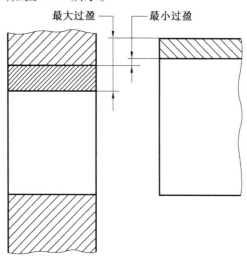

图 7.19　过盈配合

2. 配合的基准制

国家标准规定了两种基准制：

（1）基孔制。

基本偏差为一定的孔的公差带，与不同基本偏差的轴的公差带构成各种配合的一种制度称为基孔制。这种制度在同一公称尺寸的配合中，是将孔的公差带位置固定，通过变动轴的公差带位置，得到各种不同的配合，如图 7.20（a）所示。基孔制的孔称为基准孔。

国标规定基准孔的下偏差为零,"H"为基准孔的基本偏差。

(2)基轴制。

基本偏差为一定的轴的公差带,与不同基本偏差的孔的公差带构成各种配合的一种制度称为基轴制。这种制度在同一公称尺寸的配合中,是将轴的公差带位置固定,通过变动孔的公差带位置,得到各种不同的配合如图 7.20(b)所示。基轴制的轴称为基准轴。国家标准规定基准轴的上偏差为零,"h"为基轴制的基本偏差。

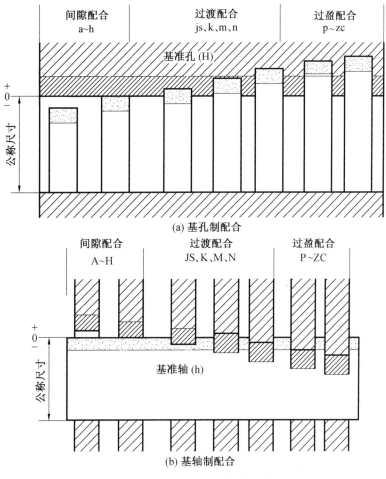

图 7.20 基孔制和基轴制配合

7.4.4 公差等级和配合的选择

极限与配合的选用包括基准制、配合类别和公差等级三项内容。

1. 基准制的选择

国家标准中规定优先选用基孔制,因为一般地说加工孔比加工轴难,采用基孔制可以减少加工孔所需的定值刀具、量具的规格数量,从而获得较好的经济效益。

基轴制通常仅用于结构设计要求不适宜采用基孔制,或者采用基轴制具有明显经济效果的场合。例如,同一轴与几个具有不同公差带的孔配合,或冷拉制成不再进行切削加工的轴,在与孔配合时,采用基轴制。

在零件与标准件配合时,应按标准件所用的基准制来确定,如滚动轴承的内圈与轴的配合为基孔制;而滚动轴承的外圈与机体孔的配合则为基轴制。

2. 公差等级的选择

由于公差等级越高,加工成本就越高,所以在保证零件使用要求的条件下,应尽量选择比较低的公差等级,即标准公差等级数越大,公差值越大,以减少零件的制造成本。由于加工孔比较难,故当标准公差等级高于 IT8 时,在基本尺寸至 500 mm 的配合中,应选择孔的标准公差等级比轴低一级(如孔为 8 级,轴为 7 级)来加工孔。标准公差等级低时,轴、孔的配合可选相同的标准公差等级。

通常 IT01～IT4 用于块规和量规;IT5～IT12 用于配合尺寸;IT12～IT18 用于非配合尺寸。表 7.1 列举了 IT5～IT12 公差等级的应用说明,可供选择时参考。

表 7.1　公差等级的应用

公差等级	应　用　举　例
IT5	用于发动机、仪器仪表、机床中特别重要的配合,如发动机中活塞与活塞销外径的配合;精密仪器中轴和轴承的配合;精密高速机械的轴颈和机床主轴与高精度滚动轴承的配合
IT6、IT7	广泛用于机械制造中的重要配合,如机床和减速器中齿轮和轴,皮带轮、凸轮和轴,与滚动轴承相配合的轴及座孔,通常轴颈选用 IT6,与之相配的孔选用 IT7
IT8、IT9	用于农业机械、矿山、冶金机械、运输机械的重要配合,精密机械中的次要配合。如机床中的操纵件和轴,轴套外径与孔,拖拉机中齿轮和轴
IT10	重型机械、农业机械的次要配合,如轴承端盖和座孔的配合
IT11	用于要求粗糙、间隙较大的配合,如农业机械,机车车厢部件及冲压加工的配合零件
IT12	用于要求很粗糙,间隙很大,基本上无配合要求的部位,如机床制造中扳手孔与扳手座的连接

3. 配合的选择

在选择配合性质时,应考虑:当零件之间具有相对转动或移动时,必须选择间隙配合;当零件之间无键、销等紧固件,只依靠结合面之间的过盈来实现传动时,必须选择过盈配合;当零件之间不要求有相对运动,同轴度要求较高,且不是依靠该配合传递动力时,通常选择过渡配合。但是不同性质的配合,只要公称尺寸相同的孔和轴公差带结合起来,就可组成配合,这样的话,组成的配合是大量的,即使采用基孔制和基轴制配合,配合的数量仍然很多,生产和使用都不方便,标准就没有意义了。因此,国家标准对"公差带和配合的选择"在公称尺寸至 500 mm 的范围内,规定了优先选用、其次选用和最后选用的孔、轴公差带和相应的优先和常用配合,选用配合时优先选择的基轴制和基孔制配合见表 7.2 和表 7.3。

表 7.2 公称尺寸至 500 mm 基轴制优先常用配合

基准轴	孔																				
	A	B	C	D	E	F	G	H	Js	K	M	N	P	R	S	T	U	V	X	Y	Z
	间隙配合								过渡配合			过盈配合									
h5						$\frac{F6}{h5}$	$\frac{G6}{h5}$	$\frac{H6}{h5}$	$\frac{Js6}{h5}$	$\frac{K6}{h5}$	$\frac{M6}{h5}$	$\frac{N6}{h5}$	$\frac{P6}{h5}$	$\frac{R6}{h5}$	$\frac{S6}{h5}$	$\frac{T6}{h5}$					
h6						$\frac{F7}{h6}$	$\frac{G7}{h6}$	$\frac{H7}{h6}$	$\frac{Js7}{h6}$	$\frac{K7}{h6}$	$\frac{M7}{h6}$	$\frac{N7}{h6}$	$\frac{P7}{h6}$	$\frac{R7}{h6}$	$\frac{S7}{h6}$	$\frac{T7}{h6}$	$\frac{U7}{h6}$				
h7					$\frac{E8}{h7}$	$\frac{F8}{h7}$		$\frac{H8}{h7}$	$\frac{Js8}{h7}$	$\frac{K8}{h7}$	$\frac{M8}{h7}$	$\frac{N8}{h7}$									
h8				$\frac{D8}{h8}$	$\frac{E8}{h8}$	$\frac{F8}{h8}$		$\frac{H8}{h8}$													
h9				$\frac{D9}{h9}$	$\frac{E9}{h9}$	$\frac{F9}{h9}$		$\frac{H9}{h9}$													
h10				$\frac{D10}{h10}$				$\frac{H10}{h10}$													
h11	$\frac{A11}{h11}$	$\frac{B11}{h11}$	$\frac{C11}{h11}$	$\frac{D11}{h11}$				$\frac{H11}{h11}$													
h12		$\frac{B12}{h12}$						$\frac{H12}{h12}$	标注▼的配合为优先配合												

表 7.3 公称尺寸至 500 mm 基孔制优先常用配合

基准孔	轴																				
	a	b	c	d	e	f	g	h	js	k	m	n	p	r	s	t	u	v	x	y	z
	间隙配合								过渡配合			过盈配合									
H6						$\frac{H6}{f5}$	$\frac{H6}{g5}$	$\frac{H6}{h5}$	$\frac{H6}{Js5}$	$\frac{H6}{k5}$	$\frac{H6}{m5}$	$\frac{H6}{n5}$	$\frac{H6}{p5}$	$\frac{H6}{r5}$	$\frac{H6}{s5}$	$\frac{H6}{t5}$					
H7						$\frac{H7}{f6}$	$\frac{H7}{g6}$	$\frac{H7}{h6}$	$\frac{H7}{js6}$	$\frac{H7}{k6}$	$\frac{H7}{m6}$	$\frac{H7}{n6}$	$\frac{H7}{p6}$	$\frac{H7}{r6}$	$\frac{H7}{s6}$	$\frac{H7}{t6}$	$\frac{H7}{u6}$	$\frac{H7}{v6}$	$\frac{H7}{x6}$	$\frac{H7}{y6}$	$\frac{H7}{z6}$
H8					$\frac{H8}{e7}$...																
H8			$\frac{H8}{d8}$		$\frac{H8}{e8}$	$\frac{H8}{f8}$		$\frac{H8}{h8}$													
H9	$\frac{H9}{c9}$		$\frac{H9}{c9}$	$\frac{H9}{d9}$	$\frac{H9}{e9}$	$\frac{H9}{f9}$		$\frac{H9}{h9}$													
H10	$\frac{H10}{c10}$		$\frac{H10}{c10}$	$\frac{H10}{d10}$				$\frac{H10}{h10}$													
H11	$\frac{H11}{a11}$	$\frac{H11}{b11}$	$\frac{H11}{c11}$	$\frac{H11}{d11}$				$\frac{H11}{h11}$													
H12		$\frac{H12}{b12}$						$\frac{H12}{h12}$													

注：H8 行过渡/过盈配合：$\frac{H8}{h7}$ $\frac{H8}{f7}$ $\frac{H8}{g7}$ $\frac{H8}{h7}$ $\frac{H8}{js7}$ $\frac{H8}{k7}$ $\frac{H8}{m7}$ $\frac{H8}{n7}$ $\frac{H8}{p7}$ $\frac{H8}{r7}$ $\frac{H8}{s7}$ $\frac{H8}{t7}$ $\frac{H8}{u7}$

1. 标注▼的配合为优先配合

2. H6/n5、H7/p6 在基本尺寸小于或等于 3 mm 和 H8/r7 在小于或等于 100 mm 时为过渡配合

7.4.5　公差与配合的标注

1. 在零件图中的标注方法

如图 7.21 所示,图 7.21(a)标注公差带的代号;图 7.21(b)标注偏差数值;图 7.21(c)将公差带代号和偏差数值一起标注。

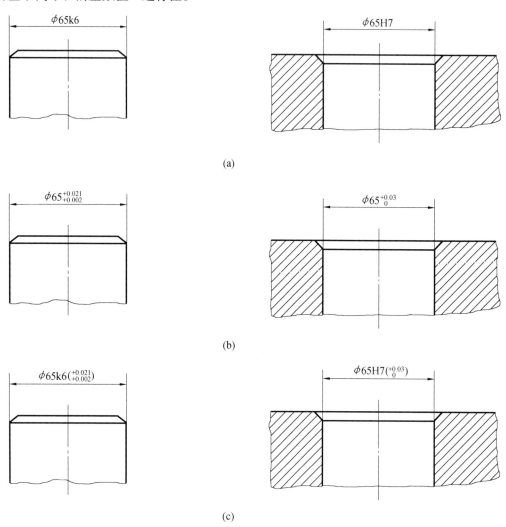

图 7.21　零件图中尺寸公差的标注方法

2. 在装配图中的标注方法

配合的代号由两个相互结合的孔和轴的公差带的代号组成,用分数形式表示,分子为孔的公差带代号,分母为轴的公差带代号,标注的通用形式如图 7.22 所示。

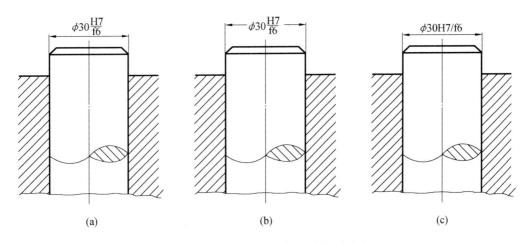

图 7.22 装配图中尺寸公差的标注方法

7.5 零件的表面结构和几何公差

7.5.1 零件的表面结构

表面结构是表面粗糙度、表面波纹度、表面缺陷、表面纹理和表面几何形状的总称。表面结构的各项要求在 GB/T 131—2006 中均有具体规定。本节主要介绍常用表面粗糙度的表示法。

1. 表面粗糙度的概念

零件在加工过程中,受刀具的形状、刀具与工件之间的摩擦、机床的震动及零件金属表面的塑性变形等因素影响,表面不可能绝对光滑,如图 7.23 所示。零件表面上这种具有较小间距的峰谷所组成的微观几何形状特征称为表面粗糙度。一般来说,不同的表面粗糙度是由不同的加工方法形成的。表面粗糙度是评定零件表面质量的一项重要的指标,降低零件表面粗糙度可以提高其表面耐腐蚀、耐磨性和抗疲劳等能力,但其加工成本也相应提

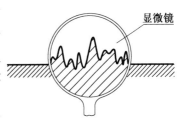

图 7.23 表面粗糙度

高。因此,零件表面粗糙度的选择原则是:在满足零件表面功能的前提下,表面粗糙度允许值尽可能大一些。

2. 表面粗糙度的注法(摘自 GB/T 131—2006)

(1)表面粗糙度代号。

零件表面粗糙度代号是由规定的符号和有关参数组成的。在零件的每个表面应按照设计要求标注表面粗糙度代号。表面粗糙度符号有三种,见表 7.4。

表 7.4　表面粗糙度符号及意义

符号	意义及说明	表面结构要求的注写位置
✓	基本图形符号,表示表面可用任何方法获得,当不加注粗糙度参数值或有关说明时,仅适用于简化代号标注	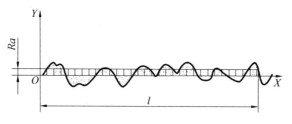
✓	扩展图形符号,在基本图形符号加一短画,表示表面是用去除材料的方法获得。如车、铣、磨等机械加工	a——注写表面结构的单一要求; a 和 b——a 注写第一表面结构要求,b 注写第二表面结构要求;
✓	扩展图形符号,在基本图形符号加一小圆,表示表面是用不去除材料方法获得。如铸、锻、冲压变形等,或者是用于保持原供应状况的表面	c——注写加工方法、表面处理、涂层等工艺要求,如车、磨、镀等; d——加工纹理方向符号;
✓　✓　✓	完整图形符号,在上述三个符号的长边上均可加一横线,以便注写对表面结构特征的补充信息	e——加工余量,mm。

　（2）表面粗糙度高度参数包括:轮廓算术平均偏差 Ra、轮廓最大高度 Rz 等,表面粗糙度用 Ra 评定的较多。它指的是在取样长度 l 内轮廓偏距绝对值的算术平均值,如图 7.24 所示。

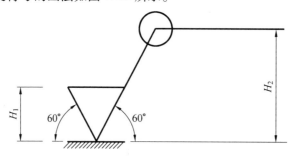

图 7.24　轮廓算术平均偏差 Ra

　（3）表面粗糙度符号的画法如图 7.25 所示。

图 7.25　表面粗糙度符号的画法

　（4）表面粗糙度在图样上的标注方法。

　①在同一图样上,每一表面只标注一次符号、代号,并应标注在可见轮廓线、尺寸线、尺寸界线或它们的延长线上,符号的尖角必须从材料外指向标注表面,如图 7.26 所示。

　②在图样上表面粗糙度的注写和读取方向与尺寸的注写和读取方向一致。

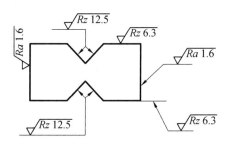

图 7.26　表面粗糙度的标注

③当零件多数(包括全部)表面具有相同的粗糙度要求时,其表面粗糙度可统一标注在图样的标题栏附近。此时符号后应有在括号里给出无任何其他标注的基本符号,如图7.27(a)所示。

④当多个表面具有相同的表面结构要求或图纸空间有限时,可采用简化注法。用带字母的完整符号,以等式的形式在图形或标题栏附近,对有相同表面结构要求的表面进行简化标注,如图7.27(b)所示。

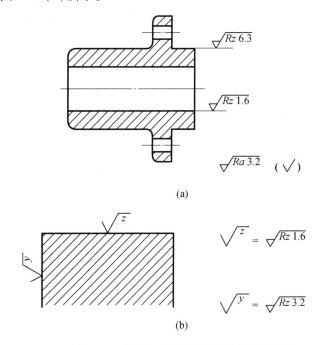

图 7.27　多数表面相同的表面结构符号标注

⑤零件上连续表面、重复要素(如孔、齿、槽等)的表面和用细实线连接不连续的同一表面,其表面粗糙度代号只注一次,如图7.28所示。

⑥同一表面上有不同的表面粗糙度要求时,应用细实线画出其分界线,并注出相应的表面粗糙度代号和尺寸,如图7.29所示。

⑦在不致引起误解的时候,表面粗糙度要求可以标注在给定的尺寸线上,如图7.30所示。

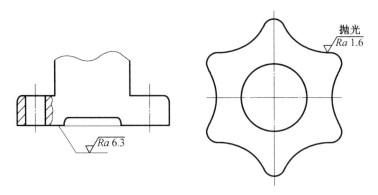

图 7.28　连续表面、重复表面粗糙度标注

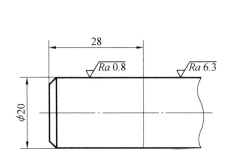

图 7.29　同一表面上有不同的表面粗糙度

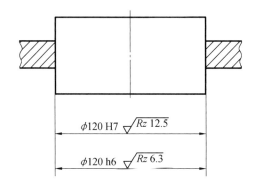

图 7.30　表面粗糙度要求标注在尺寸线上

3. 表面粗糙度的选用

表面粗糙度参数值的选用,应该既满足零件表面的功能要求,又考虑经济合理性。具体选用时,可参照已有的类似零件图,用类比法确定。

选用时应注意以下问题:

①在满足功用的前提下,尽量选用较大的表面粗糙度数值,以降低生产成本。

②一般情况下,零件的接触表面比非接触表面的粗糙度参数值要小。

③受循环载荷的表面极易引起应力集中,表面粗糙度参数值要小。

④配合性质相同时,零件尺寸小的比尺寸大的表面粗糙度参数值要小;同一公差等级,小尺寸比大尺寸、轴比孔的表面粗糙度参数值要小。

⑤运动速度高、单位压力大的摩擦表面比运动速度低、单位压力小的摩擦表面的粗糙度参数值小。

⑥要求密封、耐腐蚀的表面其粗糙度参数值要小。

表 7.5 列举了表面粗糙度参数 Ra 与加工方法的关系及其应用实例,可供选用时参考。

表 7.5 表面粗糙度参数 *Ra* 值应用举例

Ra	表面特征	表面形状	获得表面粗糙度的方法	应用举例
100	粗糙	明显可见的刀痕	锯断、粗车、粗铣、粗刨、钻孔及用粗纹锉刀、粗砂轮等加工	管的端部断面和其他半成品的表面、带轮法兰盘的结合面、轴的非接触端面、倒角、铆钉孔等
50		可见的刀痕		
25		微见的刀痕		
12.5	半光	可见加工痕迹	拉制（钢丝）、精车、精铣、粗铰、粗铰埋头孔、粗剥刀加工、刮研	支架、箱体、离合器、带轮螺钉孔、轴或孔的退刀槽、量板、套筒等非配合面、齿轮非工作面、主轴的非接触外表面，以及 IT8 ～ IT11 级公差的结合面
6.3		微见加工痕迹		
3.2		看不见加工痕迹		
1.6	光	可辨加工痕迹的方向	精磨、金刚石车刀的精车、精铰、拉制、剥刀加工	轴承的重要表面、齿轮轮齿的表面、普通车床导轨面、滚动轴承相配合的表面、机床导轨面、发动机曲轴、凸轮轴的工作面、活塞外表面等 IT6 ～ IT8 级公差的结合面
0.8		微辨加工痕迹方向		
0.4		不可辨加工痕迹的方向		
0.2	最光	暗光泽面	研磨加工	活塞销和涨圈的表面、分气凸轮、曲柄轴的轴颈、气门及气门座的支持表面、发动机气缸内表面、仪器导轨表面、液压传动件工作面、滚动轴承的滚道、滚动体表面、仪器的测量表面、量块的测量面等
0.1		亮光泽面		
0.05		镜状光泽面		
0.025		雾状镜面		
0.012		镜面		

7.5.2　几何公差(摘自 GB/T 1182—2008)

评定零件质量的因素是多方面的,不仅零件的尺寸精度影响零件的质量,而且零件的几何形状精度和结构位置精度也会同样影响零件的质量。在零件加工过程中由于刀具的影响、机床精度、振动和操作者水平等因素的影响,零件的几何形状和结构位置会出现误差,这种误差直接影响到机器、仪表、量具和工艺装备的精度、性能、强度和使用寿命等,因此必须对其加以限制。

1. 几何公差的基本概念

几何公差包括形状、方向、位置和跳动公差,通常简称"形位公差"。零件在加工过程中,不仅存在尺寸误差,还存在形状和位置误差。形状误差是指加工后实际表面形状相对理想表面形状的误差;而位置误差则是指零件的各表面之间、轴线之间或表面与轴线之间的实际相对位置对于理想相对位置的误差。

如图 7.31 所示为一轴与基准孔配合,轴加工后符合规定的尺寸公差要求,但由于它产生了形状误差(直线度误差),如图中双点画线所示的情况,致使轴和孔无法装配。又如图 7.32 所示的轴装入衬套时,由于衬套的 *B* 面对轴线产生了位置误差(垂直度误差),致使轴与孔装配后 *B* 面和 *A* 面不能按要求紧密配合。通过以上两例说明,如果零件在加工时产生的形状误差和位置误差过大,将会影响机器的质量。

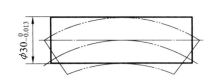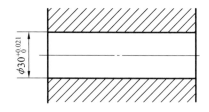

图 7.31　表面形状误差

　　形状公差是指实际要素的形状所允许的变动全量;位置公差是指实际要素的位置对基准所允许的变动全量,形状公差和位置公差,简称形位公差。对零件上精度要求较高的部位,必须根据实际需要对零件加工提出相应的形状误差和位置误差的允许范围,并在图样上标注出形位公差。

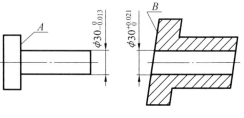

图 7.32　位置误差

2. 几何公差的项目、符号及公差带

　　在技术图样中,几何公差应采用代号标注。当无法采用代号标注时,允许在技术要求中用文字说明。几何公差的代号包括:几何公差有关项目的符号;几何公差框格和指引线;几何公差数值和其他有关符号;基准代号。国标规定了 14 种几何公差项目,其表示符号见表7.6。

表 7.6　几何特征符号

公差类型	几何特征	符号	有无基准
形状公差	直线度	—	无
	平面度	▱	无
	圆度	○	无
	圆柱度	⌀	无
	线轮廓度	⌒	无
	面轮廓度	⌓	无
方向公差	平行度	//	有
	垂直度	⊥	有
	倾斜度	∠	有
	线轮廓度	⌒	有
	面轮廓度	⌓	有

续表 7.6

公差类型	几何特征	符号	有无基准
位置公差	位置度	⊕	有或无
	同心度 （用于中心点）	◎	有
	同轴度 （用于轴线）	◎	有
	对称度	=	有
	线轮廓度	⌒	有
	面轮廓度	◠	有
跳动公差	圆跳动	↗	有
	全跳动	↗↗	有

表 7.7 表示了 14 种几何公差的标注与含义。

表 7.7　几何公差的标注与含义

符号	公差带的定义	标注及解释
	直线度公差	
─	公差带为在给定平面内和给定方向上，间距等于公差值 t 的两平行直线所限定的区域 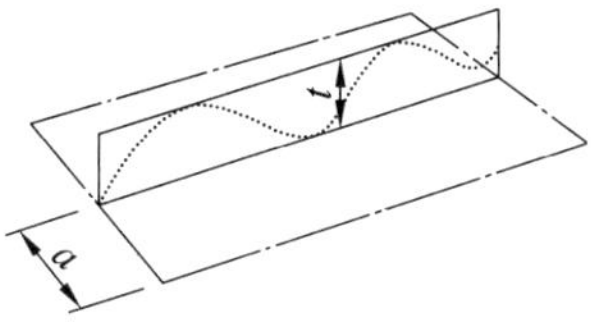 a 为任一距离 公差带为间距等于公差值 t 的两平行平面所限定的区域 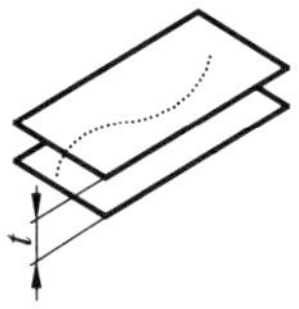 由于公差值前加注了符号 ϕ，公差带为直径等于公差值 ϕt 的圆柱面所限定的区域 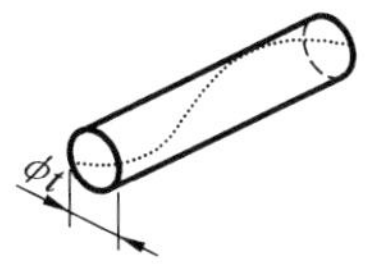 	在任一平行于图示投影面的平面内，上平面的提取（实际）线应限定在间距等于 0.1 的两平行直线之间 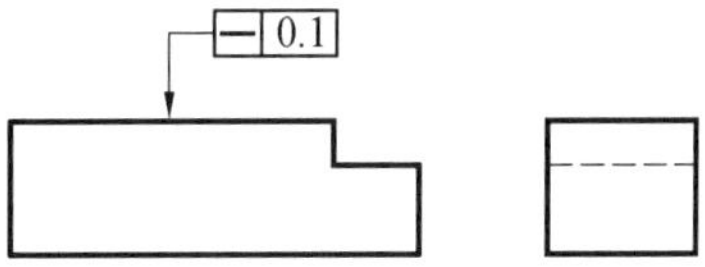 提取（实际）的棱边应限定在间距等于 0.1 的两平行平面之间 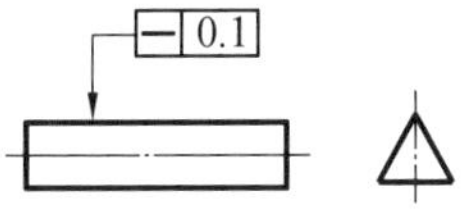 外圆柱面的提取（实际）中心线应限定在直径等于 $\phi0.08$ 的圆柱面内 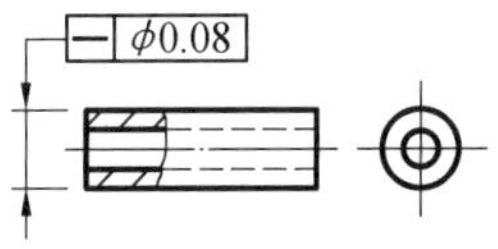

续表 7.7

符号	公差带的定义	标注及解释
	平面度公差	
▱	公差带为间距等于公差值 t 的两平行平面所限定的区域	提取（实际）表面应限定在间距等于 0.08 的两平行面之间
	圆度公差	
○	公差带为在给定横截面内，半径差等于公差值 t 的两同心圆所限定的区域 a 为任一横截面	在圆柱面和圆锥面的任意横截面内，提取（实际）圆周应限定在半径差等于 0.03 的两共面同心圆之间 在圆锥面的任意横截面内，提取（实际）圆周应限定在半径差等于 0.1 的两同心圆之间 注：提取圆周的定义尚未标准化
	圆柱度公差	
⌀	公差带为半径差等于公差值 t 的两同轴圆柱面所限定的区域	提取（实际）圆柱面应限定在半径差等于 0.1 的两同轴圆柱面之间

续表 7.7

符号	公差带的定义	标注及解释
	无基准的线轮廓度公差(见 GB/T 17852—2018)	
	公差带为直径等于公差值 t,圆心位于具有理论正确几何形状上的一系列圆的两包络线所限定的区域 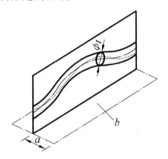 a 为任一距离 b 为垂直于图中视图所在平面	在任一平行于图示投影面的截面内,提取(实际)轮廓线应限定在直径等于 0.04,圆心位于被测要素理论正确几何形状上的一系列圆的两包络线之间 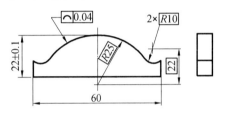
	相对于基准体系的线轮廓公差(见 GB/T 17852—2018)	
	公差带为直径等于公差值 t,圆心位于由基准平面 A 和基准平面 B 确定的被测要素理论正确几何形状上的一系列圆的两包络线所限定的区域 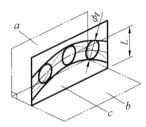 a 为基准平面 A b 为基准平面 B c 为平行于基准平面 A 的平面	在任一平行于图示投影平面的截面内,提取(实际)轮廓线应限定在直径等于 0.04,圆心位于由基准平面 A 和基准平面 B 确定的被测要素理论正确几何形状的一系列圆的两等距包络线之间 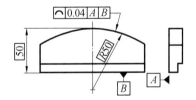

续表 7.7

符号	公差带的定义	标注及解释
  ⌒	无基准的面轮廓度公差(见 GB/T 17852—2018)	
	公差带为直径等于公差值 t,球心位于被测要素理论正确形状上的一系列圆球的两包络面所限定的区域 	提取(实际)轮廓面应限定在直径等于0.02,球心位于被测要素理论正确几何形状上的一系列圆球的两等距包络面之间 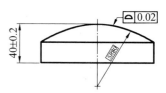
	相对于基准的面轮廓度公差(见 GB/T 17852—2018)	
	公差带为直径等于公差值 t,球心位于由基准平面 A 确定的被测要素理论正确几何形状上的一系列圆球的两包络面所限定的区域 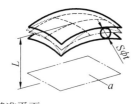 a 为基准平面	提取(实际)轮廓面应限定在直径等于0.1,球心位于由基准平面 A 确定的被测要素理论几何形状上的一系列圆球的两等距包络面之间 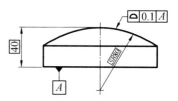

续表7.7

符号	公差带的定义	标注及解释
	平行度公差	
	线对基准体系的平行度公差	
//	公差带为间距等于公差值 t,平行于两基准的两平行平面所限定的区域 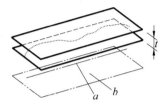 a 为基准轴线 b 为基准平面	提取(实际)中心线应限定在间距等于0.1,平行于基准轴线 A 和基准平面 B 的两平行平面之间 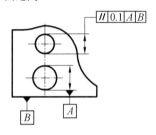
	公差带为间距等于公差值 t,平行于基准线 A 且垂直于基准平面 B 的两平行平面所限定的区域 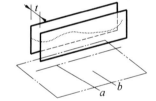 a 为基准轴线 b 为基准平面	提取(实际)中心线应限定在间距等于0.1的两平行平面之间。该两平行平面平行于基准轴线 A 且垂直于基准平面 B 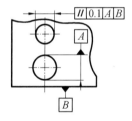
	公差带为平行于基准轴线和平行或垂直于基准平面,间距分别等于公差值 t_1 和 t_2,且相互垂直的两组平行平面所限定的区域 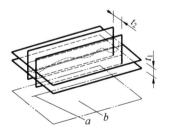 a 为基准轴线 b 为基准平面	提取(实际)中心线应限定在平行于基准轴线 A 和平行或垂直于基准平面 B,间距分别等于公差值0.1 和0.2,且相互垂直的两组平行平面之间 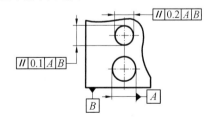

续表 7.7

符号	公差带的定义	标注及解释
//	线对基准线的平行度公差 若公差值前加注了符号 φ，公差带为平行于基准轴线、直径等于公差值 φt 的圆柱面所限定的区域 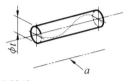 a 为基准轴线	提取（实际）中心线应限定在平行于基准轴线 A，直径等于 φ0.03 的圆柱面内 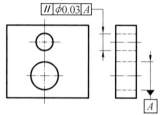
	线对基准面的平行度公差 公差带为平行于基准平面，间距等于公差值 t 的两平行平面所限定的区域  a 为基准平面	提取（实际）中心线应限定在平行于基准平面 B，间距等于 0.01 的两平行平面之间 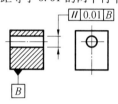
	线对基准体系的平行度公差 公差带为间距等于公差值 t 的两平行直线所限定的区域，该两平行直线平行于基准平面 A 且处于平行于基准平面 B 的平面内 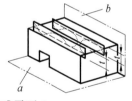 a 为基准平面 A b 为基准平面 B	提取（实际）线应限定在间距等于 0.02 的两平行直线之间。该两平行直线平行于基准平面 A，且处于平行于基准平面 B 的平面内 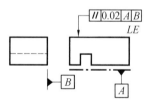
	面对基准线的平行度公差 公差带为间距等于公差 t，平行于基准轴线的两平行平面所限定的区域 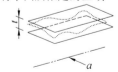 a 为基准轴线	提取（实际）表面应限定在间距等于 0.1，平行于基准线 C 的两平行平面之间 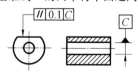

续表 7.7

符号	公差带的定义	标注及解释
	面对基准面的平行度公差	
//	公差带为间距等于公差 t,平行于基准平面的两平行平面所限定的区域 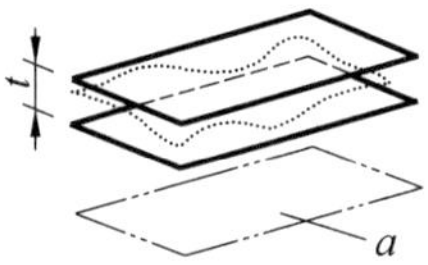 a 为基准平面	提取(实际)表面应限定在间距等于0.01,平行于基准平面 D 的两平行平面之间 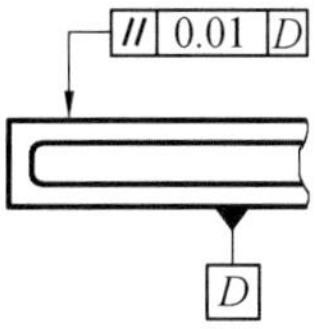
	垂直度公差	
	线对基准线的垂直度公差	
⊥	公差带为间距等于公差值 t,垂直于基准线的两平行平面所限定的区域 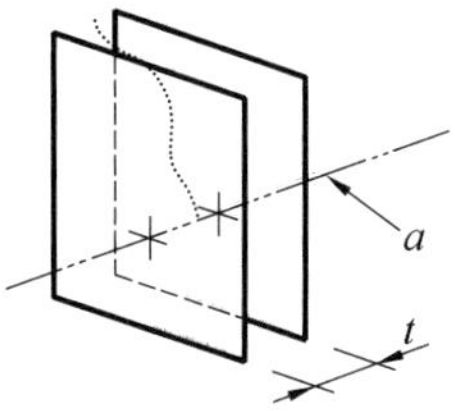 a 为基准线	提取(实际)中心线应限定在间距等于0.06,垂直于基准轴线 A 的两平行平面之间 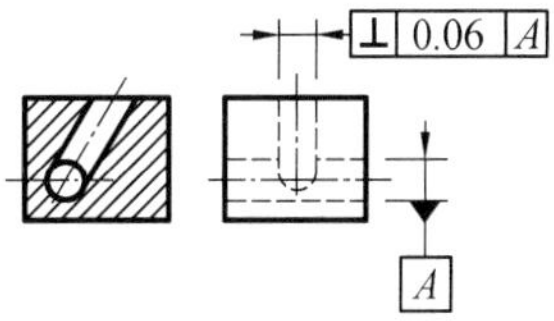
	线对基准体系的垂直度公差	
	公差带为间距等于公差值 t 的两平行平面所限定的区域,该两平行平面垂直于基准平面 A,且平行于基准平面 B 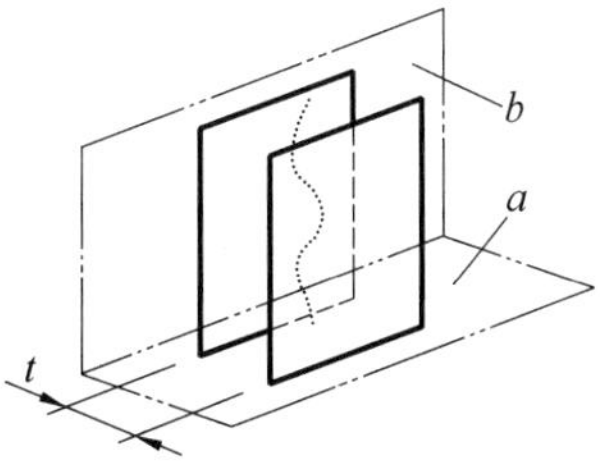 a 为基准平面 A b 为基准平面 B	圆柱面的提取(实际)中心线应限定在间距等于0.1的两平行平面之间。该两平行平面垂直于基准平面 A,且平行于基准平面 B 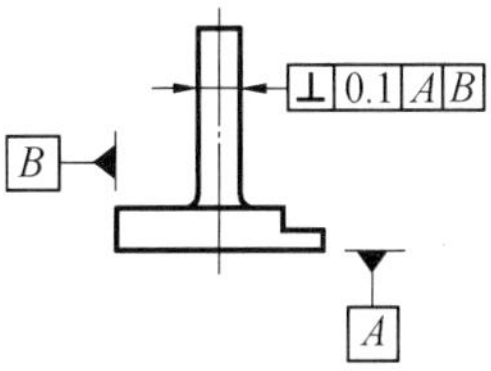

续表 7.7

符号	公差带的定义	标注及解释
⊥	**线对基准体系的垂直度公差**	
	公差带为间距分别等于公差值 t_1 和 t_2，且互相垂直的两组平行平面所限定的区域。该两组平行平面都垂直于基准平面 A，其中一组平行平面垂直于基准平面 B，另一组平行平面平行于基准平面 B 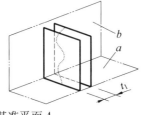 a 为基准平面 A b 为基准平面 B 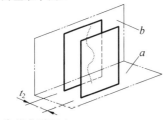 a 为基准平面 A b 为基准平面 B	圆柱的提取（实际）中心线应限定在间距分别等于 0.1 和 0.2，且相互垂直的两组平行平面内。该两组平行平面垂直于基准平面 A 且垂直或平行于基准平面 B 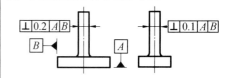
	线对基准面的垂直度公差	
	若公差值前加注符号 ϕ，公差带为直径等于公差值 ϕt，轴线垂直于基准平面的圆柱圆所限定的区域 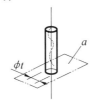 a 为基准平面	圆柱面的提取（实际）中心线应限定在直径等于 $\phi 0.01$，垂直于基准平面 A 的圆柱面内 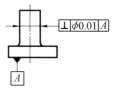
	面对基准线的垂直度公差	
	公差带为间距等于公差值 t 且垂直于基准轴线的两平行平面所限定的区域 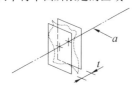 a 为基准轴线	提取（实际）表面应限定在间距等于 0.08 的两平行平面之间，该两平行平面垂直于基准轴线 A 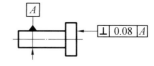

续表7.7

符号	公差带的定义	标注及解释
⊥	面对基准平面的垂直度公差	
	公差带为间距等于公差值 t，垂直于基准平面的两平行平面所限定的区域 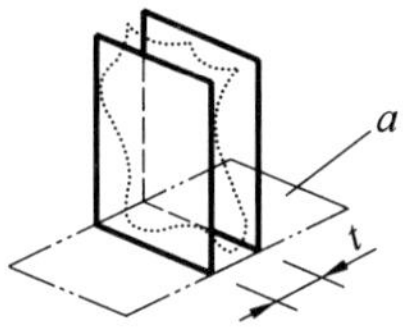 a 为基准平面	提取（实际）表面应限定在间距等于0.08，垂直于基准平面 A 的两平行平面之间 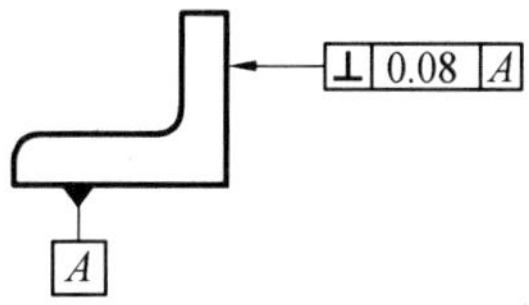
∠	倾斜度公差	
	线对基准线的倾斜度公差	
	①被测线与基准线在同一平面上 公差带为间距等于公差值 t 的两平行平面所限定的区域。该两平行平面按给定角度倾斜于基准轴线 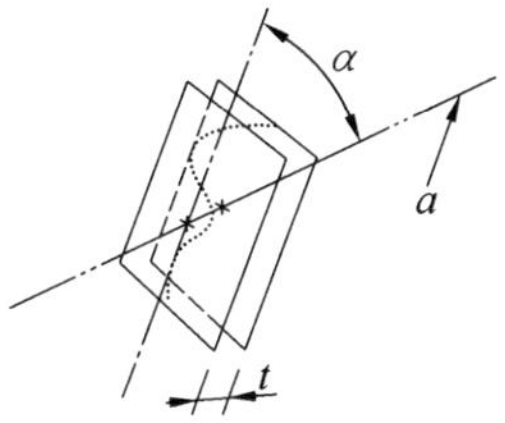 a 为基准轴线	提取（实际）中心线应限定在间距等于0.08的两平行平面之间。该两平行平面按理论正确角度60°倾斜于公共基准轴线A—B 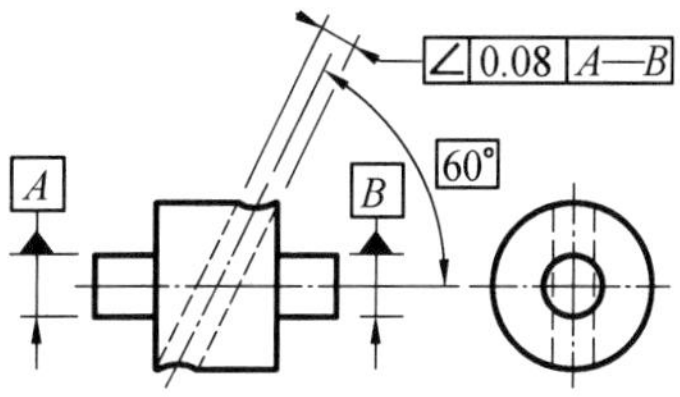
	②被测线与基准线在不同平面内 公差带为间距等于公差值 t 的两平行平面所限定的区域。该两平行平面按给定角度倾斜于基准轴线 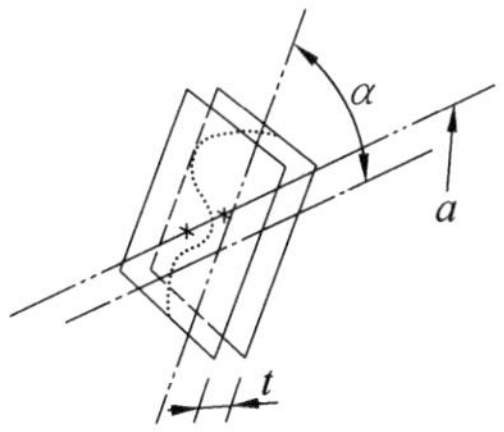 a 为基准轴线	提取（实际）中心线应限定在间距等于0.08的两平行平面之间，该两平行平面按理论正确角度60°倾斜于公共基准轴线 A—B 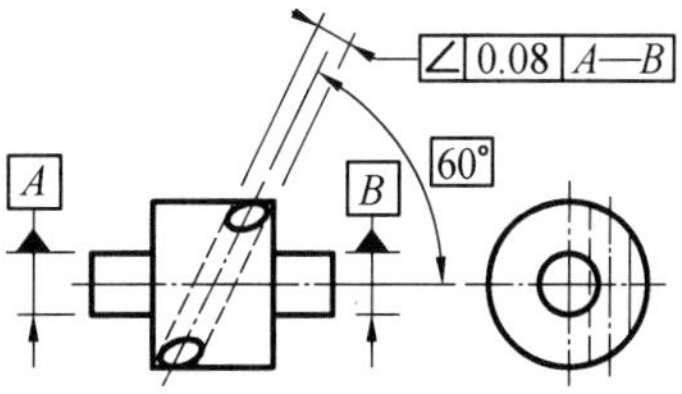

续表 7.7

符号	公差带的定义	标注及解释
∠	线对基准面的倾斜度公差 　　公差带为间距等于公差值 t 的两平行平面所限定的区域,该两平行平面按给定角度倾斜于基准平面  a 为基准平面 　　公差值前加注符号 ϕ,公差带为直径等于公差值 ϕt 的圆柱面所限定的区域。该圆柱面公差带的轴线按给定角度倾斜于基准平面 A 且平行于基准平面 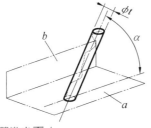 a 为基准平面 A b 为基准平面 B 面对基准线的倾斜度公差 　　公差带为间距等于公差值 t 的两平行平面所限定的区域。该两平行平面按给定角度倾斜于基准直线 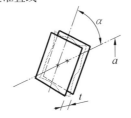 面对基准面的倾斜度公差 　　公差带为间距等于公差值 t 的两平行平面所限定的区域。该两平行平面按给定角度倾斜于基准平面  a 为基准平面	提取(实际)中心线应限定在间距等于 0.08 的两平行平面之间。该两平行平面按理论正确角度 60°倾斜于基准平面 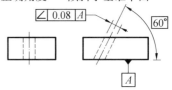 　　提取(实际)中心线应限定在直径等于 $\phi 0.1$ 的圆柱面内。该圆柱面的中心线按理论正确角度 60°倾斜于基准平面 A 且平行于基准平面 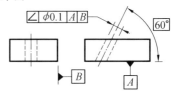 　　提取(实际)表面应限定在间距等于 0.1 的两平行平面之间,该两平行平面按理论正确角度 75°倾斜于基准轴线 A 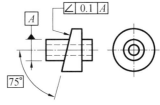 　　提取(实际)表面应限定在间距等于 0.08 的两平行平面之间,该两平行平面按理论正确角度 40°倾斜于基准平面 A 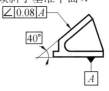

续表 7.7

符号	公差带的定义	标注及解释
	位置度公差（GB/T 13319—2003）	
	点的位置度公差	
	公差值前加注 $S\phi$，公差带为直径等于公差值 $S\phi t$ 的圆球面所限定的区域。该圆球面中心的理论正确位置由基准平面 A、B、C 和理论正确尺寸确定 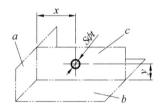 a 为基准平面 A b 为基准平面 B c 为基准平面 C	提取（实际）球心应限定在直径等于 $S\phi0.3$ 的圆球面内。该圆球面的中心由基准平面 A，基准平面 B、基准中心平面 C 和理论正确尺寸 30、25 确定 注：提取（实际）球心的定义尚未标准化 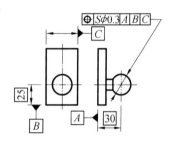
	线的位置度公差	
	给定一个方向的公差时，公差带为间距等于公差值 t，对称于线的理论正确位置的两平行平面所限定的区域。线的理论正确位置由基准平面 A、B 和理论正确尺寸确定。公差只在一个方向上给定 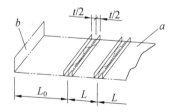 a 为基准平面 A b 为基准平面 B	各条刻线的提取（实际）中心线应限定在间距等于 0.1、对称于基准平面 A、B 和理论正确尺寸 25、10 确定的理论正确位置的两平行平面之间 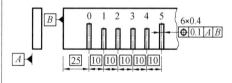

续表 7.7

符号	公差带的定义	标注及解释
	线的位置度公差	
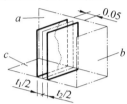 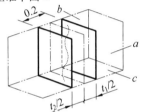 （下方符号⊕）	给定两个方向的公差时,公差带为间距分别等于公差值 t_1 和 t_2、对称于线的理论正确（理想）位置的两对相互垂直的平行平面所限定的区域。线的理论正确位置由基准平面 C、A 和 B 及理论正确尺寸确定。该公差在基准体系的两个方向上给定 a 为基准平面 A b 为基准平面 B c 为基准平面 C a 为基准平面 A b 为基准平面 B c 为基准平面 C	各孔测得的（实际）中心线在给定方向上应各自限定在间距分别等于0.05 和 0.2、且相互垂直的两对平行平面内,每对平行平面对称于由基准平面 C、A、B 和理论正确尺寸20、15、30 确定的各孔轴线的理论正确位置 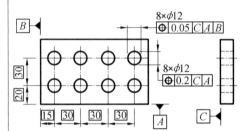
	公差值前加注符号 ϕ,公差带为直径等于公差值 ϕt 的圆柱面所限定的区域。该圆柱面的轴线的位置由基准平面 C、A、B 和理论正确尺寸确定 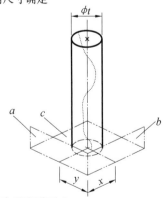 a 为基准平面 A b 为基准平面 B c 为基准平面 C	提取（实际）中心线应限定在直径等于 $\phi0.08$ 的圆柱面内。该圆柱面的轴线的位置应处于由基准平面 C、A、B 和理论正确尺寸100、68 确定的理论正确位置上 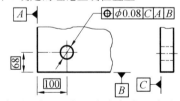 各提取（实际）中心线应各自限定在直径等于 $\phi0.1$ 的圆柱面内。该圆柱面的轴线应处于由基准平面 C、A、B 和理论正确尺寸20、15、30 确定的各孔轴线的理论正确位置上 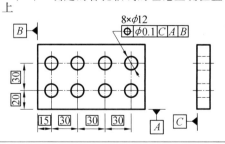

续表7.7

符号	公差带的定义	标注及解释
	轮廓平面或者中心平面的位置度公差	
$\bigoplus$	公差带为间距等于公差值 t,且对称于被测面理论正确位置的两平行平面所限定的区域。面的理论正确位置由基准平面、基准轴线和理论正确尺寸确定 a 为基准平面 b 为基准轴线	提取(实际)表面应限定在间距等于0.05、且对称于被测面的理论正确位置的两平行平面之间。该两平行平面对称于由基准平面 A、基准轴线 B 和理论正确尺寸 15、105° 确定的被测面的理论正确位置 提取(实际)中心面应限定在间距等于0.05的两平行平面之间,该两平行平面对称于由基准轴线 A 和理论正确角度 45°确定的各被测面的理论正确位置 注:有关 8 个缺口之间理论正确角度的默认规定见 GB/T 13319—2003
	同心度和同轴度公差	
	点的同心度公差	
$\circledcirc$	公差值前标注符号 ϕ,公差带为直径等于公差值 ϕt 的圆周所限定的区域。该圆周的圆心与基准点重合 a 为基准点	在任意横截面内,内圆的提取(实际)中心应限定在直径等于 $\phi 0.1$,以基准点 A 为圆心的圆周内

续表7.7

符号	公差带的定义	标注及解释
	轴线的同轴度公差	
◎	公差值前标注符号φ,公差带为直径等于公差值φt的圆柱面所限定的区域。该圆柱面的轴线与基准轴线重合 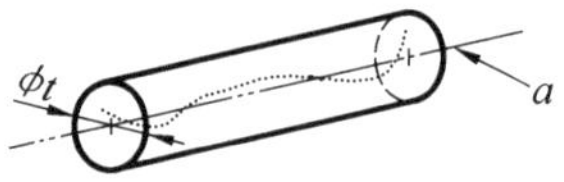 a 为基准轴线	大圆柱面的提取(实际)中心线应限定在直径等于φ0.08、以公共基准轴线 A—B 为轴线的圆柱面内 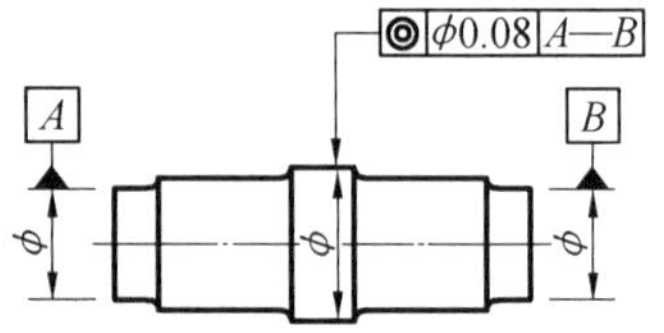 大圆柱面的提取(实际)中心线应限定在直径等于φ0.1、以基准轴线 A 为轴线的圆柱圆内 大圆柱面的提取(实际)中心线应限定在直径等于φ0.1,以垂直于基准平面 A 的基准轴线 B 为轴线的圆柱面内 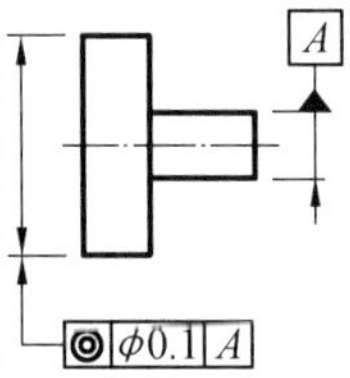 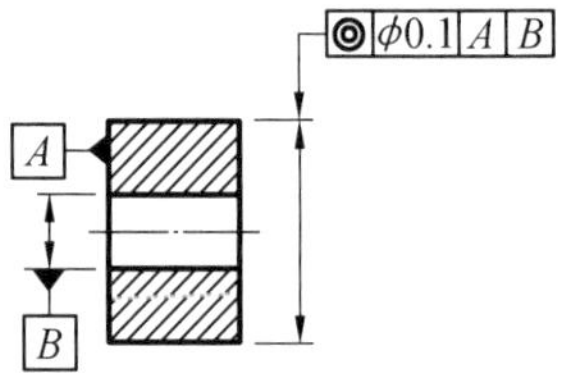
	对称度公差	
	中心平面的对称度公差	
⊜	公差带为间距等于公差值 t,对称于基准中心平面的两平行平面所限定的区域 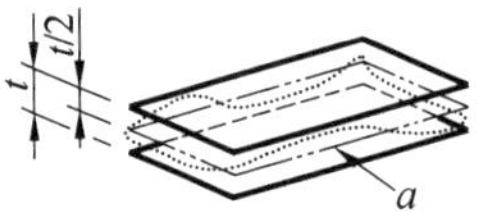 a 为基准中心平面	提取(实际)中心面应限定在间距等于0.08、对称于基准中心平面 A 的两平行平面之间 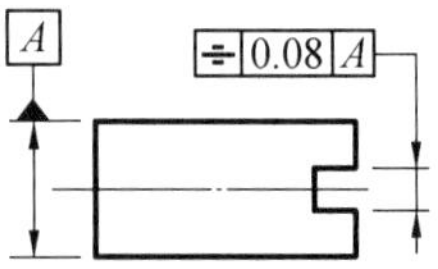 提取(实际)中心面应限定在间距等于0.08,对称于公共基准中心平面 A—B 的两平行平面之间 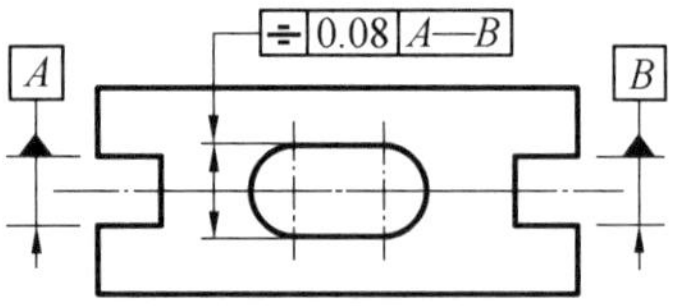

续表7.7

符号	公差带的定义	标注及解释

圆跳动公差

径向圆跳动公差

公差带为在任一垂直于基准轴线的横截面内、半径差等于公差值 t、圆心在基准轴线上的两同心圆所限定的区域

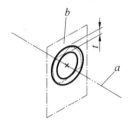

a 为基准轴线

b 为横截面

圆跳动通常适用于整个要素,但亦可规定只适用局部要素的某一指定部分

在任一垂直于基准 A 的横截面内,提取(实际)圆应限定在半径差等于0.1,圆心在基准轴线 A 上的两同心圆之间

在任一平行于基准平面 B、垂直于基准轴线 A 的截面上,提取(实际)圆应限定在半径差等于0.1,圆心在基准轴线 A 上的两同心圆之间

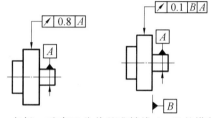

在任一垂直于公共基准轴线 $A—B$ 的横截面内,提取(实际)圆应限定在半径差等于0.1、圆心在基准轴线 $A—B$ 上的两同心圆之间

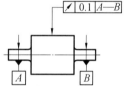

在任一垂直于基准轴线 A 的横截面内,提取(实际)圆弧应限定在半径差等于0.2、圆心在基准轴线 A 上的两同心圆弧之间

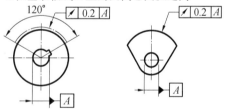

轴径圆跳动公差

公差带为与基准轴线同轴在任一半径的圆柱形截面上,间距等于公差值 t 的两圆所限定的圆柱面区域

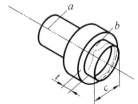

a 为基准轴线
b 为公差带
c 为任意直径

在与基准轴线 D 同轴的任一圆柱形截面上,提取(实际)圆应限定在轴向距离等于0.1 的两个等圆之间

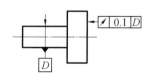

续表 7.7

符号	公差带的定义	标注及解释
	斜向圆跳动公差	
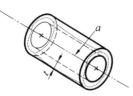	公差带为与基准轴线同轴的某一圆锥截面上,间距等于公差值 t 的两圆所限定的圆锥面区域 除非另有规定,测量方向应沿被测表面的法向 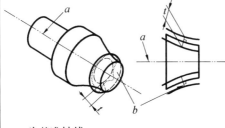 a 为基准轴线 b 为公差带	在与基准轴线 C 同轴的任一圆锥截面上,提取(实际)线应限定在素线方向间距等于 0.1 的两不等圆之间 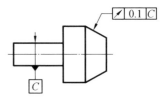 当标注公差的素线不是直线时,圆锥截面的锥角要随所测圆的实际位置而改变 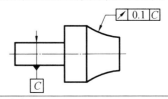
	给定方向的斜向圆跳动公差	
	公差带为在与基准轴线同轴的、具有给定锥角的任一圆锥截面上,间距等于公差值 t 的两不等圆所限定的区域 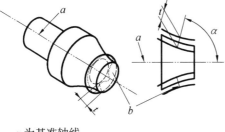 a 为基准轴线 b 为公差带	在与基准轴线 C 同轴且具有给定角度 60°的任一圆锥截面上,提取(实际)圆应限定在素数方向间距等于 0.1 的两不等圆之间 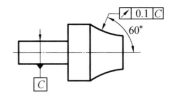
	全跳动公差	
	径向全跳动公差	
	公差带为半径差等于公差值 t,与基准线同轴的两圆柱面所限定的区域 a 为基准轴线	提取(实际)表面应限定在半径差等于0.1,与公共基准轴线 $A—B$ 同轴的两圆柱面之间 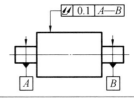

续表7.7

符号	公差带的定义	标注及解释
	轴向全跳动公差	
↗	公差带为间距等于公差值 t,垂直于基准轴线的两平行平面所限定的区域 a 为基准轴线 b 为提取表面	提取(实际)表面应限定在间距等于0.1,垂直于基准轴线 D 的两平行平面之间

3. 几何公差的标注

(1)公差框格。

公差框格用细实线画出,可画成水平的或垂直的,框格高度是图样中尺寸数字高度的两倍,它的长度视需要而定。框格中的数字、字母、符号与图样中的数字等高。图7.33 给出了形状公差和位置公差的框格形式。用带箭头的指引线将被测要素与公差框格一端相连。

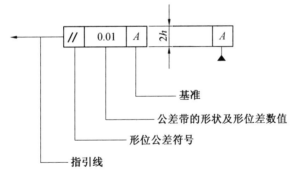

图7.33　几何公差代号及基准符号

(2)被测要素。

用带箭头的指引线将被测要素与公差框格一端相连,指引线箭头指向公差带的宽度方向或直径方向。指引线箭头所指部位可按以下规则设置。

①当被测要素为整体轴线或公共中心平面时,指引线箭头可直接指在轴线或中心线上,如图7.34(a)所示;

②当被测要素为轴线、球心或中心平面时,指引线箭头应与该要素的尺寸线对齐,如图7.34(b)所示;

③当被测要素为线或表面时,指引线箭头应指在该要素的轮廓线或其引出线上,并应明显地与尺寸线错开,如图7.34(c)所示。

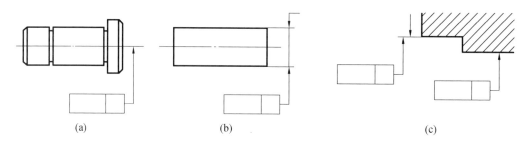

图 7.34　被测要素标注示例

（3）基准要素。

用带基准符号的指引线将基准要素与公差框格的另一端相连,如图 7.35 所示。

①当基准要素为素线或表面时,基准符号应靠近该要素的轮廓线或引出线标注,并应明显地与尺寸线箭头错开,如图 7.35(a)所示;

②当基准要素为轴线、球心或中心平面时,基准符号应与该要素的尺寸线箭头对齐,如图 7.35(b)所示;

③当基准要素为整体轴线或公共中心面时,基准符号可直接靠近公共轴线(或公共中心线)标注,如图 7.35(c)所示。

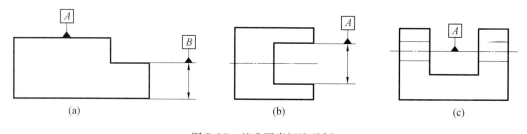

图 7.35　基准要素标注示例

7.6　零件的工艺结构

零件的工艺结构以铸造零件为例加以介绍。

1. 拔模斜度

用铸造方法制造零件的毛坯时,为了便于将木模从砂型中取出,一般沿木模拔模的方向做成约 1 : 20 的斜度,称为拔模斜度。铸件上也有相应的斜度,如图 7.36 所示。这种斜度在图上可以不标注,也可不画出,必要时,可在技术要求中注明。

2. 铸造圆角

在铸件毛坯各表面的相交处,都有铸造圆角。这样既便于起模,又能防止在浇铸时铁水将砂型转角处冲坏,还可避免铸件在冷却时产生裂纹或缩孔。铸造圆角半径在图上一般不注出,而写在技术要求中。铸件毛坯底面(做安装面)常需经切削加工,这时铸造圆角被削平,如图 7.37 所示。

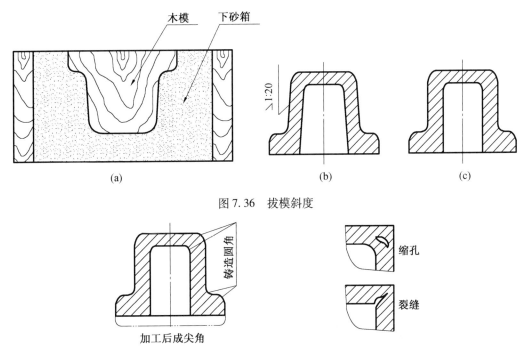

图 7.36 拔模斜度

图 7.37 铸造圆角

铸件表面由于圆角的存在,使铸件表面的交线变得不很明显,这种不明显的交线称为过渡线。过渡线的画法与交线画法基本相同,只是过渡线的两端与圆角轮廓线之间应留有空隙。图 7.38 是常见的两种过渡线的画法。

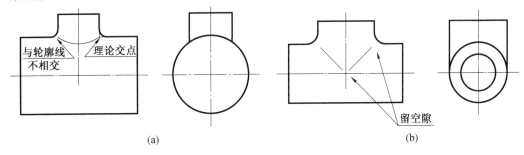

图 7.38 两曲面相交时过渡线的画法

3. 铸件壁厚

在浇铸零件时,为了避免各部分因冷却速度不同而产生缩孔或裂纹,铸件的壁厚应保持大致均匀,或采用渐变的方法,并尽量保持壁厚均匀,如图 7.39 所示。

4. 凸台与凹坑

加工凸台或凹坑结构是为了保证零件间的良好接触,同时减少加工面面积,降低加工费用,其常见形式如图 7.40 所示。

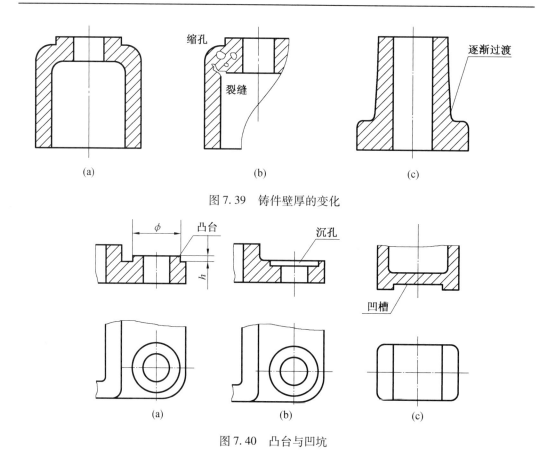

图 7.39　铸件壁厚的变化

图 7.40　凸台与凹坑

7.7　读零件图

7.7.1　读轮盘类零件图的方法及步骤

1. 看标题栏

首先看标题栏,了解零件的名称、材料、比例等,并浏览全图,对零件有个概括了解,如:零件属什么类型、大致轮廓和结构等。

2. 分析视图,想象形体

根据视图布局,首先确定主视图,并围绕主视图分析其他视图的配置。对于剖视图、断面图要找到剖切位置及方向;对于局部视图和局部放大图要找到投影方向和部位,弄清楚各个图形彼此间的投影关系。

利用形体分析法,将零件按功能分解为主体、安装、连接等几部分,然后明确每一部分在各个视图中的投影范围与各部分之间的相对位置,最后仔细分析每一部分的形状和作用。

3. 分析尺寸和技术要求

根据零件的形体结构,分析确定长、宽、高各方向的主要基准。分析尺寸标注和技要求,找出各部分的定形和定位尺寸,明确哪些是主要尺寸和主要加工面,进而分析制造方法等,以便保证质量要求。

4.综合考虑

综上所述,将零件的结构形状、尺寸标注及技术要求综合起来,就能比较全面地阅读零件图。在实际读图过程中,上述步骤常常是穿插进行的。

如图 7.41 所示,通过标题栏可以知道这张零件图画的是端盖,材料是 HT200,比例是 1:2。主视图采用的是按加工位置原则、轴线水平放置的全剖视图,除主视图外还有一个局部放大视图用于表示密封槽的结构,以便于标注密封槽的尺寸。端盖的外形轮廓是圆盘,其直径是 $\phi115$,同轴的孔径是 $\phi36$ 和 $\phi48$,在其表面上均匀分布了 6 个台阶孔。$\phi80$ 的圆柱面及端面表面粗糙度都是 6.3,说明这些面都是接触面;$\phi36$ 表面粗糙度是 3.2,说明是配合面。长度方向基准是端盖的右端面,径向基准是轴线。$\phi36$ 的孔和轴有配合关系,$\phi80$ 和箱体上的孔有配合关系,因此这两个尺寸都注写有上下极限偏差。

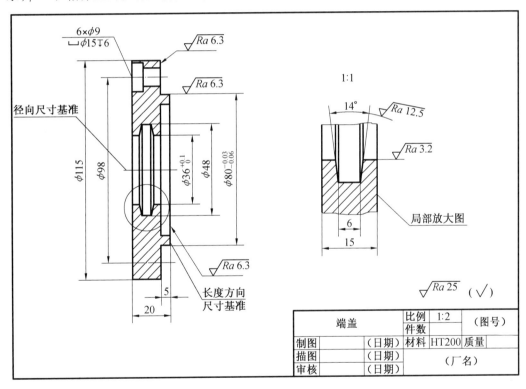

图 7.41　端盖零件图

7.7.2　读箱体零件图

1.概括了解

通过标题栏概括了解箱体类零件的作用、材料等。这类零件结构比较复杂,加工工序较多,一般毛坯多为铸造件等。如图 7.42 所示,阀体是换向阀的主体零件,材料为碳素结构钢。阀体为箱体类零件的典型代表之一。

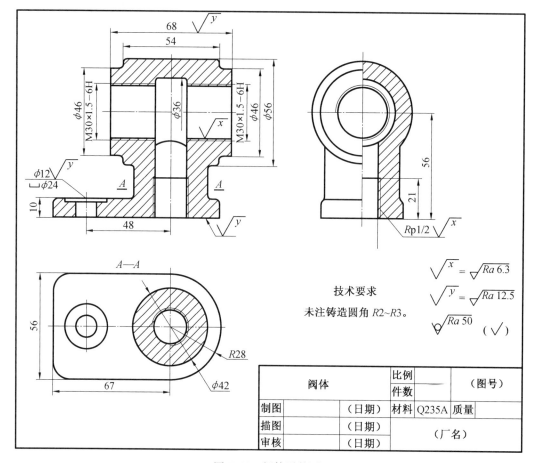

图 7.42　阀体零件图

2. 分析视图,想象零件形状

要先看主要部分,后看次要部分;先看容易确定、能够看懂的部分,后看难以确定、不易看懂的部分;先看整体轮廓,后看细节形状。即应用形体分析的方法,抓特征部分,分别将组成零件各个形体的形状想象出来。该阀体选择主、左、俯三个视图。阀体的主视图采用全剖视图,表达内部结构,内腔为水平通孔和竖直通孔相贯,外部形状为圆柱。左视图选用半剖视图,将阀腔及外形的结构同时表示清楚,A—A 剖视图表达出支承部分断面及安装板形状,支承部分断面为圆柱,底板形状为半圆头加矩形,并有一安装孔。

3. 尺寸分析

阀体的长度基准选择立柱轴线、宽高基准选择底面,宽度基准为前后的对称面。高度方向重要的定位尺寸为 56,底板上安装孔的定位尺寸为 48。M30×1.5-6H 为细牙螺纹,内装管接头,其他尺寸自行分析。

4. 了解技术要求

读懂技术要求,如表面粗糙度、尺寸公差、形位公差以及其他技术要求。分析技术要求时,关键是弄清楚哪些部位的要求比较高,以便考虑在加工时采取措施予以保证。

阀体接触面要求有表面粗糙度标注,螺纹孔加工有公差精度要求。

5. 综合分析

通过以上分析,综合想象阀体形状,如图 7.43 所示。

图 7.43　阀体轴测图

第8章 装 配 图

装配图是表达产品(机器或部件)的基本结构、各零件相对位置、装配关系、连接方式、工作原理等内容的技术图样。在工业生产中,无论是开发新产品,还是对其他产品进行仿造、改制,都要先画出装配图,同时装配图又是安装、调试、操作和检修机器或部件时不可缺少的标准资料。

8.1 装配图概述

8.1.1 装配图的内容

以如图 8.1 所示的齿轮油泵装配图为例,说明一张完整的装配图应包含的基本内容。由图可以看出,一张完整的装配图有四方面的内容。

1. 一组视图

用一组视图表达机器或部件的构造、工作原理、装配关系、各组成零件的相对位置、连接方式、主要零件图的结构形状以及传动路线等。一组视图的表达方法可以采用视图、剖视图、断面图、局部放大图等。图 8.1 中的齿轮油泵主视图将该部件的结构特点和零件间的装配、连接关系大部分表达出来。左视图中一部分表达泵室内齿轮啮合情况和工作原理,另一部分清楚地反映了泵的外部结构形状和螺钉的分布情况。左视图中的局部剖视图则表达了进油口和出油口的形状。

2. 一组尺寸

装配图的作用与零件图不同,因此,在图上标注尺寸的要求也不同。零件图中必须标注出零件的全部尺寸,以确定零件的形状和大小。装配图上应该标注表示机器或部件的规格(性能)的尺寸、零件之间的配合尺寸、外形尺寸以及装配、安装、检验、运输等方面所需要的尺寸。这些尺寸按作用不同,大致可以分为以下五类:

(1)性能(规格)尺寸。

性能(规格)尺寸是表示装配体的工作性能或规格大小的尺寸,这些尺寸是设计时确定的,它也是了解和选用该装配体的依据。如图 8.1 中底座通孔的尺寸为 $\phi 7$。

(2)装配尺寸。

装配尺寸是表示装配体中各零件之间相互配合关系和相对位置的尺寸,这种尺寸是保证装配体装配性能和质量的尺寸。

①配合尺寸:表示零件间配合性质的尺寸。如图 8.1 中配合尺寸有 $\phi 14 H7/f6$ 等。

②相对位置尺寸:表示装配时需要保证的零件间相互位置的尺寸。如图 8.1 所示传动齿轮轴线到泵体安装面的相对位置尺寸 50。

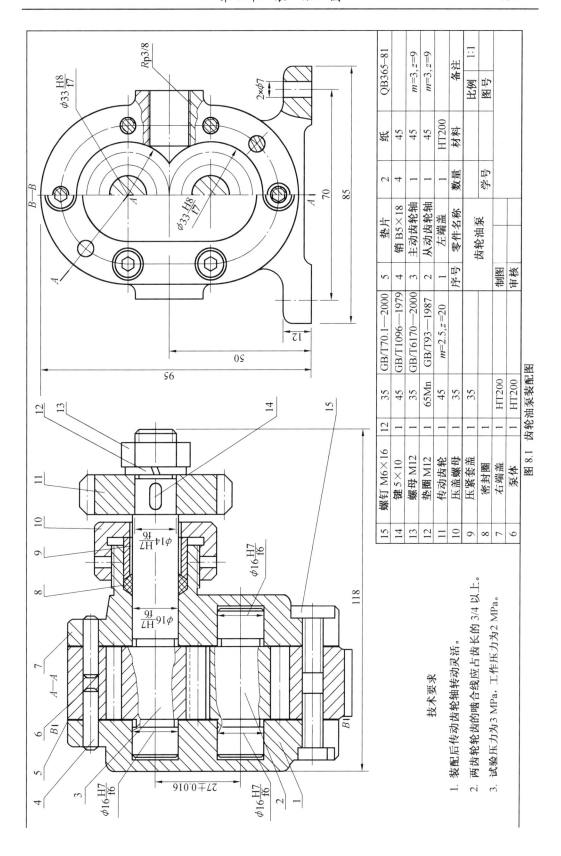

15	螺钉 M6×16	12	35	GB/T70.1—2000							垫片	2	纸	QB365-81
14	键 5×10	1	45	GB/T1096—1979					5	4	销 B5×18	4	45	
13	螺母 M12	1	35	GB/T6170—2000						3	主动齿轮轴	1	45	m=3,z=9
12	垫圈 M12	1	65Mn	GB/T93—1987						2	从动齿轮轴	1	45	m=3,z=9
11	传动齿轮	1	45	m=2.5,z=20						1	左端盖	1	HT200	
10	压盖螺母	1	35						序号		零件名称	数量	材料	备注
9	压紧套盖	1	35								齿轮油泵			比例 1:1
8	密封圈	1							制图		学号			图号
7	右端盖	1	HT200						审核					
6	泵体	1	HT200											

图 8.1 齿轮油泵装配图

技术要求

1. 装配后传动齿轮轴转动灵活。
2. 两齿轮轮齿的啮合齿长应占齿长的 3/4 以上。
3. 试验压力为 3 MPa，工作压力为 2 MPa。

（3）安装尺寸。

将装配体安装到其他装配体或部件上所需的尺寸。如图 8.1 中 50 等。

（4）总体尺寸。

表示装配体外形大小的总体尺寸,即装配体的总长、总宽、总高。它反映了装配体的大小,提供了装配体在包装、运输和安装过程中所占的空间尺寸。如图 8.1 所示的总长为 118,总宽为 85,总高为 95。若某尺寸可变化时,应注明其变化范围。

（5）其他重要尺寸。

其他重要尺寸是指在设计中确定的,而又未包括在上述几类尺寸之中的尺寸。其他重要尺寸视需要而定,如主体零件的重要尺寸、齿轮的中心距、运动件的极限尺寸以及安装零件要有足够操作空间的尺寸等。

上述五类尺寸之间并不是互相孤立无关的,实际上有的尺寸往往同时具有多种作用。此外,在一张装配图中,也并不一定需要全部注出上述五类尺寸,而是要根据具体情况和要求来确定。

3. 技术要求

在装配图中,还应在图的右下方空白处,写出部件在装配、安装、检验及使用过程等方面的技术要求,即用符号、文字等说明机器或部件的工作性能、装配、安装、调试或使用等方面的技术要求。图 8.1 所示的技术要求是对齿轮油泵的装配和检验的要求。

4. 标题栏、明细栏及零件序号

在装配图的右下角必须设置标题栏和明细栏,明细栏位于标题栏的上方,并和标题栏紧连在一起。标题栏中则应该填写图名、图号、比例、制图、审核人员的签名和日期等。明细栏中依次填写零件序号、名称、数量、材料、备注（标准件的规格及代号）等,其序号填写的顺序要由下而上,如图 8.2 所示。

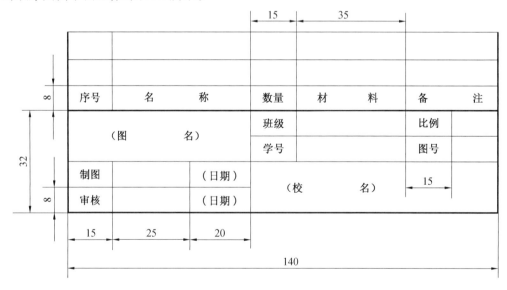

图 8.2　标题栏、明细栏

为了便于装配时读图查找零件,便于作生产准备和图样管理,装配图中所有的零件都必须编写序号。相同的零件只编一个序号,并与明细栏中的序号一致。

零件序号由圆点、指引线、水平线或圆(均为细实线)及数字组成,序号写在水平线上或小圆内。序号字体的号数应比该图中尺寸数字大一号或二号。指引线应自所指零件的可见轮廓内引出,并在其末端画一圆点,如图 8.3 所示;若所指的部分不宜画圆点,如很薄的零件或涂黑的剖面等,可在指引线的末端画一箭头,并指向该部分的轮廓,如图 8.3 所示垫片 2 就是利用箭头指向其断面。

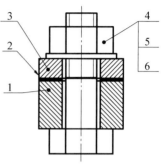

图 8.3 零件序号

一组螺纹连接件或装配关系清楚的零件组,可以采用公共指引线,如图 8.3 中 4、5、6,以及图 8.4。装配图中的标准化组件(如油杯、滚动轴承、电动机等)可视为一个整体,只编写一个序号。

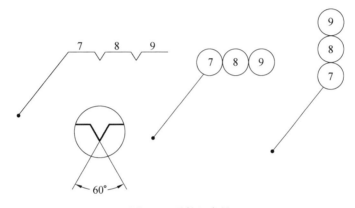

图 8.4 零件组序号

同时我们也要注意,指引线应尽可能分布均匀且不要彼此相交,也不要过长;指引线通过有剖面线的区域时,要尽量不与剖面线平行,必要时可画成折线,但只允许折一次。将序号在视图的外围按水平或垂直方向排列整齐,并按顺时针或逆时针方向依次编号,不得跳号。

由于装配图的复杂程度和使用要求不同,以上各项内容并不是在所有的装配图中都要表现出来,而是根据实际情况来决定的。

8.1.2 装配图的规定画法和特殊画法

前面学习的机件表达方法,在表达装配体时也同样适用。由于装配图和零件图的表达目的有所不同,零件图是表达一个零件,而装配图则是表达多个零件组成的装配体,所以其侧重点是表达装配体的工作原理、零件的装配关系和主要零件的结构形状。因此,国家标准《机械制图》(GB 4457.4—2002、GB 4458.4—2003)对绘制装配图制定了规定画法和特殊画法等。

1. 规定画法

在装配图中,为了便于区分不同的零件,正确地表达出各零件之间的关系,在画法上有以下规定:

(1)接触面和配合面的画法。

相邻两零件的接触表面和配合表面只画一条轮廓线;两零件的不接触表面和基本尺寸不同的非配合表面,即使间隙很小,也必须画成两条线。

(2)剖面线的画法。

在装配图中,相邻两零件的剖面线必须不同。即:方向相反,或方向相同但间隔不等;同一个零件在各视图上的剖面线应保持方向相同,间隔一致。当零件的断面厚度在图中等于或小于 2 mm 时,允许将剖面涂黑以代替剖面线。

(3)实心件和某些标准件的画法。

在装配图中,对于紧固件及轴、手柄、连杆、拉杆、球、销、键等实心零件,若按纵向剖切,且剖切平面通过对称平面或轴线时,这些零件按不剖绘制。但其上的孔、槽等结构需要表达时,则可采用局部剖视。

2. 特殊画法

(1)拆卸画法。

为了表达那些被遮挡(盖住)的零件的装配情况,可假想将某些零件拆卸后绘制出欲表达的部分,为了避免读图时产生误解,对拆卸画法加以说明,在图上加注"拆去零件××"等。

(2)沿零件的结合面剖切。

在装配图中,为了表示内部结构,可假想沿着某些零件的结合面剖开。如图 8.5 所示,转子泵的右视图为 A—A 剖视图,是沿泵体和垫片的结合面剖切后再投影而得到的,此时,沿结合面剖开的零件,则不画剖面线。

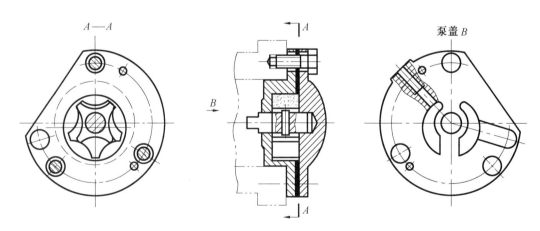

图 8.5　转子泵装配图的画法

(3)单独表示某个零件。

在装配图中,当某个零件的形状未表达清楚,或对理解装配关系有影响时,可另外单独画出该零件的某一视图,但必须在所画视图的上方注出该零件的视图名称,在相应视图的附近用箭头指明投射方向,并注上同样的字母,如图8.5所示转子泵装配图中泵盖的B向视图。

(4)假想画法。

与本部件有关系,但不属于本部件的相邻零件或部件,可用双点画线画出该件的轮廓线。

对于运动零件,当需要表明其运动极限位置时,可以在一个极限位置上画出该零件,而在另一个极限位置用双点画线来表示。

(5)夸大画法。

在装配图中,当遇到一些薄片零件、细小结构、微小间隙等,若不能按全图绘图比例根据实际尺寸正常绘制时,可将零件或间隙适当地夸大画出,对于厚度、直径不超过2 mm的被剖切薄、细零件,其剖面线可以涂黑表示。注意夸大要适度,若适度夸大还无法表示时,可采用局部放大的画法。

(6)简化画法。

在装配图中,对若干相同的零件组,如螺栓、螺钉连接等,可以仅详细地画出一处或几处,其余只需用点画线表示其位置,或用其他符号表示即可。

如图8.6中三组轴承座只画了一组的简化画法,其余则以细点画表示中心位置即可。

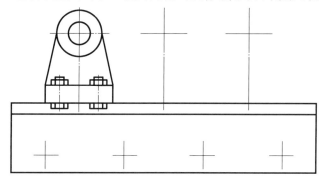

图8.6 相同零件组的简化画法

在装配图中,对于零件上的一些工艺结构,如小圆角、倒角、退刀槽和砂轮越程槽等可以省略不画。

在装配图中,可用粗实线表示带传动中的带,用细点画线表示链传动中的链。

8.1.3 装配工艺结构

在设计和绘制装配图的过程中,应该考虑装配工艺结构的合理性,以保证机器或部件的装配、工作性能,以及检修时拆、装是否方便。以下是几种常见的装配工艺结构。

1. 倒角与切槽

两个配合零件在转角处不应设计成相同的圆角,否则既影响接触面之间的良好接触,又不易加工。轴肩面和孔端面相接触时,应在孔边倒角,或在轴的根部切槽,以保证轴肩与孔的端面接触良好,如图8.7所示。

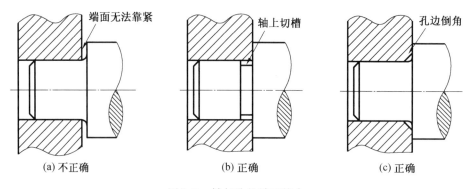

图 8.7　轴与孔的端面接合

2. 接触面

要避免在同一方向有两组面同时接触。两个零件装配时,在同一方向上,一般只宜有一个接触面,否则就必须大大提高接触面处的尺寸精度,但会增大成本,如图 8.8 所示。

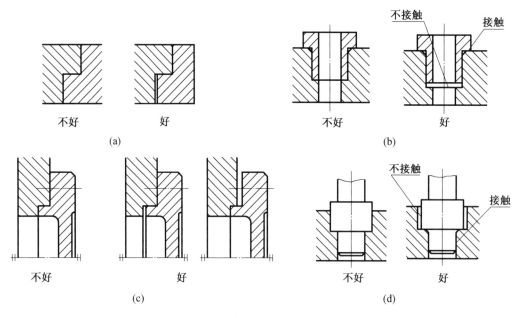

图 8.8　同一方向上只能有一个接触面

3. 密封装置的结构要求

在一些部件或机器中,常需要有密封装置,以防止液体外流或灰尘进入。如图 8.9 所示的密封装置是用在泵和阀上的常见结构。通常用浸油的石棉绳或橡胶做填料,拧紧压盖螺母,通过填料压盖即可将填料压紧,起到密封作用。但填料压盖与阀体端面之间必须留有一定间隙,才能保证将填料压紧,轴与填料压盖之间也应有一定的间隙,以免转动时产生摩擦。如图 8.9(a)所示留有一定间隙,是正确的,如图 8.9(b)所示没有留间隙,是错误的。

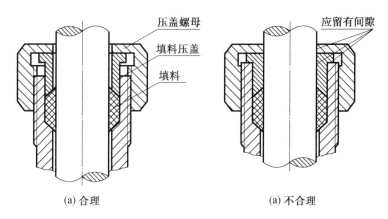

(a) 合理   (a) 不合理

图 8.9 填料与密封装置

4. 零件在轴向的定位结构

装在轴上的滚动轴承及齿轮等一般都要有轴向定位结构,以保证能在轴线方向不产生移动。如图 8.10 所示,轴上的滚动轴承及齿轮是靠轴的轴肩来定位的,齿轮的另一端用螺母、垫圈来压紧,垫圈与轴肩的台阶面间应留有间隙,以便压紧。

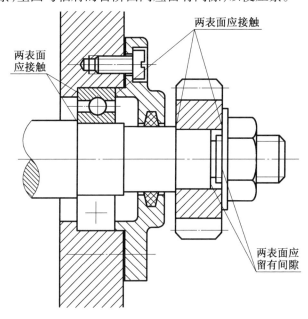

图 8.10 轴向定位结构

5. 螺纹紧固结构要求

在螺栓紧固件的连接中,被连接件的接触面应制成凸台或凹孔。为了防止因振动或冲击而使螺纹紧固件松开,常采用双螺母、止动垫圈、开口销防止螺母等松动。

6. 维修、拆卸结构要求

构形设计要考虑安装、使用和维修时拆卸是否方便。比如:在安装螺纹紧固件位置时,应考虑扳手的空间活动范围,螺钉放入时所需的空间等。

8.2　装配图的画法

　　绘制机器或部件的装配图,往往通过拆卸机器或部件的零件进行测量,绘制出装配示意图和零件草图,然后根据零件草图绘制装配图,再根据装配图和零件草图绘制零件图,从而完成装配图和零件图的整套图样。现以图 8.11 所示千斤顶为例,介绍装配图的绘制方法和步骤。

8.2.1　了解测绘对象

　　通过观察和拆卸、阅读有关技术资料和类似产品图样,了解其用途、性能、工作原理、结构特点以及零件间的装配、连接关系等情况。

　　千斤顶是用来支撑和举起重物的机构。图 8.11 所示千斤顶是一种结构简单的机械式千斤顶,其工作原理为:绞杠插入螺杆的孔中,以旋转螺杆,螺杆具有锯齿形螺纹,螺母套以过渡配合压装于底座中,并用两个圆柱端紧定螺钉止转、固定,这样就能达到螺杆旋转而使重物升降,顶块以内圆球面和螺杆顶部接触,并能微量摆动以适应不同情况的接触面。简单来说就是把千斤顶放在被顶机件下方,转动旋转杆,带动起重螺杆上升或下降,起重螺杆由螺钉连接着顶盖,也随螺杆上下移动,起到控制机件上升、下降的作用。

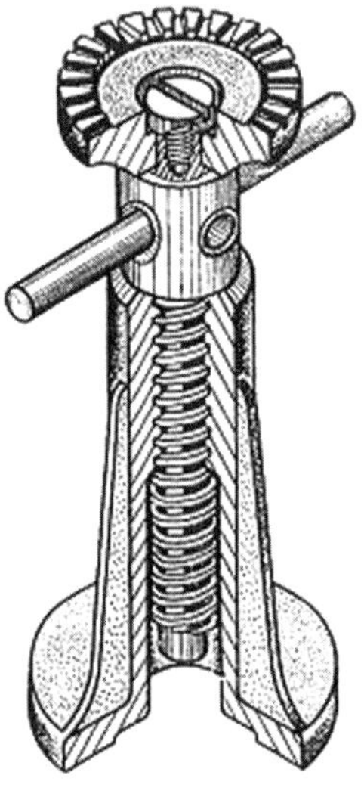

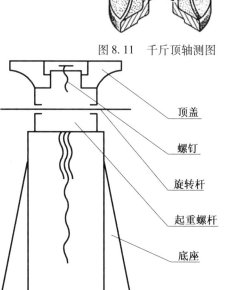

図 8.11　千斤顶轴测图

8.2.2　拆卸零件

　　拆卸过程中,为防止丢失和混淆,应对每个零件进行编号、登记并贴上标签;对拆下的零件要分区分组地将零件放在适当地方,避免碰伤、变形;对于不可拆卸连接的、有较高精度的配合或过盈配合的零件,应尽量少拆或不拆,避免降低原有配合精度或损坏零件。拆卸零件时应注意:在拆卸之前应测量一些必要的原始尺寸,比如某些零件之间的相对位置等。

8.2.3　画装配示意图

　　装配示意图是通过零件名称、编号,用规定的符号和简单的图线画出装配体各零件的大致轮廓,以表示其装配位置、装配关系和工作原理等情况的简图。千斤顶的装配示意图如图 8.12 所示。

　　画装配示意图时,对一般零件可按其外形和结构特点形象地画出零件的大致轮廓;可

顶盖

螺钉

旋转杆

起重螺杆

底座

图 8.12　千斤顶装配示意图

将零件看成是透明体,其表示可不受前后层次的限制,并尽量把所有零件集中在一个图上表示出来;画机构传动部分的示意图时,应按照国家标准《机械制图 机构运动简图符号》GB 4460—2013 的规定绘制。

8.2.4　画零件草图

把拆下的零件进行分类,对于标准件,如螺栓、螺钉、螺母、垫圈、键、销等可不画草图,但应测量其主要规格尺寸,通过查阅标准手册,按规定标记在标准明细栏内注明;对于非标准件都必须画出零件草图,并要准确、完整地标注测量尺寸。

零件间有配合、连接和定位等关系的尺寸要协调一致,并在相关零件草图上一并标出。绘制零件草图,除了图线是用徒手完成的外,其他方面的要求均和正式的零件工作图一样。

8.2.5　画装配图

1. 画装配图的方法

从各装配线的核心零件开始,"由内向外"按装配关系逐层扩展画出各个零件,最后画壳体、箱体、包容零件。

先将起支撑和包容作用的体量较大、结构较复杂的箱体、壳体或支架等零件画出,然后再按装配线和装配关系逐步画出其他零件。这种画法常称为"由外向内"。

2. 选择视图表达方案

表达方案包括选择主视图和确定其他视图。视图表达方案应能较好地反映装配体的装配关系、工作原理和主要零件的结构形状等。

(1)主视图的选择。

主视图的选择应综合考虑以下几个方面:一应能反映部件的工作位置或安装位置;二应能反映部件的形状、结构特征以各及零件之间的装配、连接关系;三应能表示主装配线零件的装配关系;四应能明显地表示各部件主要的工作原理。

千斤顶的主视图选择应考虑以下几个因素:一是按工作位置放置,千斤顶的工作位置也是其自然安放的位置;二是表达方法,选择主视图局部剖视,能反映其整体形象、工作原理、装配线、零件间装配关系及零件的主要结构。另外,旋转杆较长,但形状简单,简化处理,采用了折断画法。

(2)其他视图的选择。

其他视图的选择应能补充表达主视图未能表达或表达不够充分的部分(包括其他的装配线、零散装配点、工作原理、对外安装关系及必要的零件结构、形状等),还应注意不可遗漏任何一个有装配关系的细小部位。

考虑到起重螺杆的螺纹为非标准螺纹,所以绘制局部放大图。

(3)确定绘图比例和图纸幅面。

根据部件的总体尺寸和复杂程度确定绘图比例,从而选定图纸幅面。在安排各视图的位置时,要注意标题栏、明细栏、零件序号,以及标注尺寸和技术要求所需的位置。

（4）画装配图的步骤。

①固定图纸、布图。将图纸固定好后，画出图框、标题栏和明细栏边界线，并绘制各视图的主要中心线、轴线、对称线及基准线等。

②画主要装配线。绘制主要装配线和与它直接相关的重要零件。一般由主视图开始，几个视图配合进行。

③依次画出其他装配线和细节结构，如弹簧、螺钉、销钉、螺孔及零件上的螺纹等，需要时可以画出倒角、圆角、退刀槽等。

④检查后描深、画剖面线、标注尺寸及公差配合，编注零件序号，并填写明细栏、标题栏和技术要求，完成装配图，千斤顶装配图如图 8.13 所示。

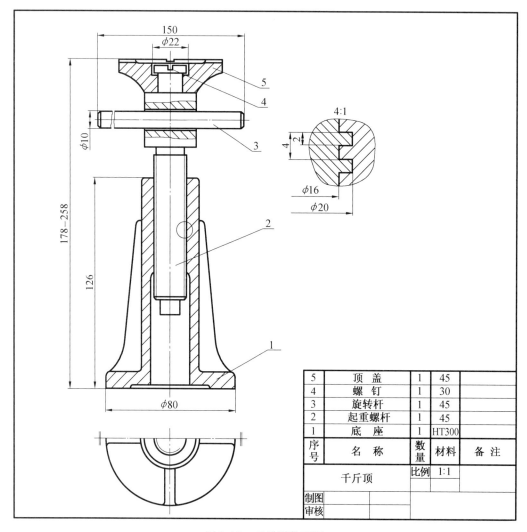

5	顶　盖	1	45	
4	螺　钉	1	30	
3	旋转杆	1	45	
2	起重螺杆	1	45	
1	底　座	1	HT300	
序号	名　称	数量	材料	备注
千斤顶		比例	1:1	
制图				
审核				

图 8.13　千斤顶装配图

8.2.6　画零件图

根据装配图和零件草图绘制零件图，千斤顶零件图如图 8.14～8.18 所示。

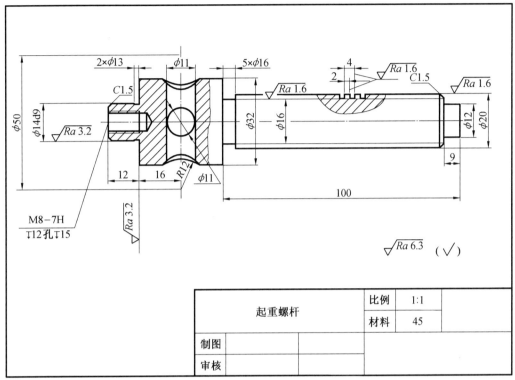

图 8.14 千斤顶起重螺杆零件图

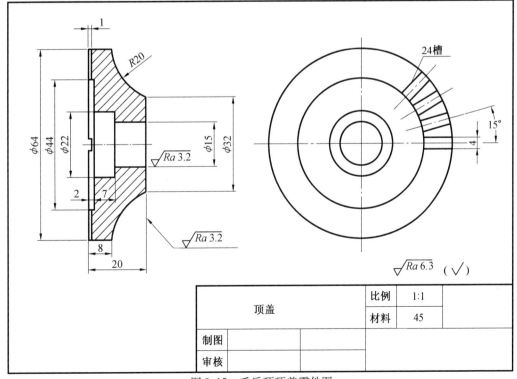

图 8.15 千斤顶顶盖零件图

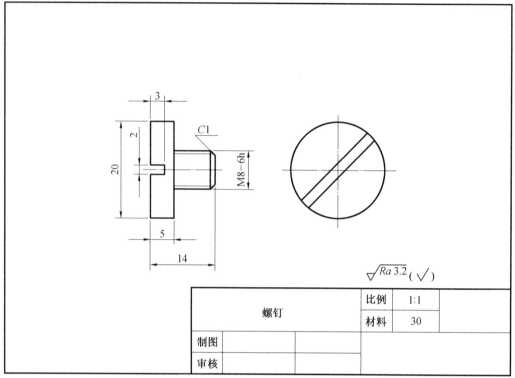

图 8.16 千斤顶螺钉零件图

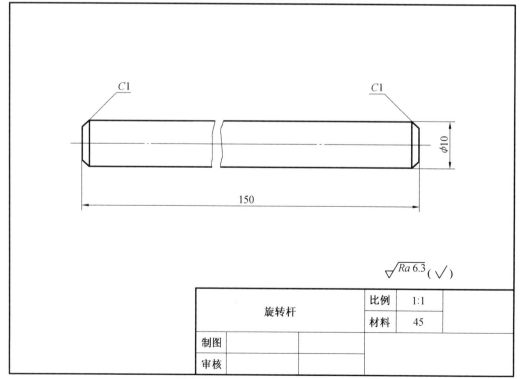

图 8.17 千斤顶旋转杆零件图

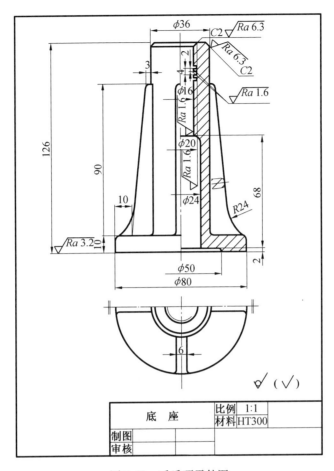

图 8.18 千斤顶零件图

8.3 装配图的识读

在设计和生产中,经常要识读装配图。在设计中,需要依据装配图来设计零件并画出零件图;在装配机器时,需根据装配图将零件组装成部件或机器;在设备维修时,需参照装配图进行拆卸和重新装配;在技术交流时,则要参阅有关装配图才能了解、研究一些工程、技术等有关问题。其目的是了解装配体的规格、性能、工作原理,各个零件之间的相互位置、装配关系、传动路线及各零件的主要结构形状等。下面以图 8.1 所示齿轮油泵装配图为例,介绍识读装配图的方法和步骤。

8.3.1 概括了解

识读装配图时首先应从产品说明书和标题栏中了解装配体名称、用途以及绘图比例等。通过绘图比例和外形尺寸确定部件的大小。

齿轮油泵是机器润滑、供油系统中的一个部件,用来为机器输送润滑油,是液压系统中的动力元件。绘图的比例为 1∶1,齿轮油泵外形尺寸为 118×85×95。

从零件编号及明细栏中了解部件的零件名称、数量、材料及标准件的规格,以及标准件和非标准件各为多少,以判断装配体复杂程度。

齿轮油泵是由泵体、传动齿轮、齿轮轴等 15 种零件组成,4 种标准件,属简单装配体。

了解各视图数量、配置,找出主视图,确定其他视图投射方向,明确各视图的画法和视图表达的内容。

齿轮油泵共有两个基本视图,主视图采用全剖视图,表达了齿轮泵的装配关系;左视图在沿左泵盖 1 处的垫片 5 与泵体 6 结合面剖切产生的半剖视图 B—B 的基础上,又采用了局部剖视,表达了进、出油口的情况。

8.3.2　分析视图

分析各视图的表达目的。如图 8.1 所示的齿轮油泵主视图将该部件的结构特点和零件间的装配、连接关系大部分表达出来。左视图中一部分表达泵室内齿轮啮合情况和工作原理,另一部分清楚地反映了泵的外部结构形状和螺钉的分布情况。左视图中的局部剖视图则表达了进油口和出油口的形状。

8.3.3　分析装配关系、传动路线和工作原理

对照视图研究部件的装配关系、传动路线和工作原理是读装配图的一个重要环节。在概括了解的基础上,分析各条装配干线、弄清零件间相互配合关系,以及零件间的定位、连接方式、密封等问题。再进一步弄清楚运动零件的运动过程、传送方式,通过这样的分析,就能基本掌握部件的工作原理和装配关系。对比较复杂的部件,需要参考产品说明书对其进行全面的了解。

齿轮油泵传动路线和工作原理:当外部动力经齿轮啮合传递给传动齿轮 11,再通过键 14,带动主动齿轮轴 3 转动,经过齿轮啮合带动从动齿轮轴 2,从而使 2 转动。从左视图上看主动齿轮逆时针方向转动时,从动齿轮顺时针方向转动,齿轮啮合区右边的轮齿逐渐分开时,齿轮油泵的右腔空腔体积逐渐扩大,油压降低,形成负压,油箱内的油在大气压的作用下,经吸油口被吸入齿轮油泵的右腔,齿槽中的油随着齿轮的继续旋转被带到左腔;而左边的各对轮齿又重新啮合,空腔体积缩小,使齿槽中不断挤出的油成为高压油,并由压油口压出,这样,泵室右面齿间的油被高速旋转的齿轮源源不断地带往泵室左腔,然后经管道被输送到机器中需要供油的部位。

齿轮油泵主要有两条装配线:一条是主动齿轮轴系统,它是由主动齿轮轴 3 装在泵体 6 和左端盖 1 及右端盖 7 的轴孔内,在主动齿轮轴伸出端通过密封圈 8、压盖 9 和压盖螺母 10 实现密封和压紧作用;传动齿轮 11 装在主动齿轮轴 3 右端,通过键 14 连接,用螺母 13 及垫圈 12 固定;另一条是从动齿轮轴系统,从动齿轮轴 2 也是装在泵体 6 和左端盖 1 及右端盖 7 的轴孔内,与主动齿轮啮合。

8.3.4 分析零件主要结构形状及作用

分析时,应先看简单件,后看复杂件。即将标准件、常用件等简单零件看懂后,再将其从图中"剥离"出去,然后集中精力分析剩下的复杂件。

此外,分析零件主要结构形状时,还应考虑零件为什么要采用这种结构形状,以进一步分析该零件的作用。

8.3.5 分析装配图中的重要尺寸和技术要求

在以上分析的基础上,还需对装配图中所注尺寸以及技术要求(符号、文字)进行分析,进一步了解装配体的设计意图和装配工艺。如尺寸 27±0.016 为重要尺寸,反映出啮合齿轮中心距,这个尺寸准确与否将直接影响齿轮的啮合传动精度。

8.3.6 装配图拆画零件图

通常是按照机器或部件的使用要求及装配图,确定实现其工作性能的主要结构(即确定零件的结构形状和大小),再拆画出零件图。

1. 拆画零件图要求

拆图前,须认真识读装配图,分析清楚装配关系、技术要求以及零件的主要结构形状。画图时,要从设计、工艺方面考虑零件的作用、要求、装配和制造,使绘制的零件图符合设计、生产要求。

2. 分析零件结构形状

弄清楚每个零件的结构形状和作用,是读懂装配图的重要标志。在分析清楚各视图表达的内容后,对照明细栏和图中的序号,逐一分析各零件的结构形状。分析时一般从主要零件开始,再看次要零件。

区分零件的方法主要是依靠剖面线的方向和间隔,以及各视图之间的投影关系进行判别。从标注该零件序号的视图入手,用对线条、找投影关系以及根据"同一零件的剖面线在各个视图上方向相同、间隔相等"的规定等,将零件在各个视图上的投影范围及其轮廓搞清楚,进而构思出该零件的结构形状。零件区分出来之后,便要分析零件的结构形状和功用。

齿轮油泵的非标准件可以按照箱体、轴、轮盘三大类零件分析其结构和形状。其分解图如图 8.19 所示。

3. 拆画零件图

在读懂装配图的基础上,分析清楚装配关系,确定拆画零件的结构和形状。某些零件的结构形状表达得不够完整时,应根据零件的功能加以补充、完善。

拆画零件时,零件图的视图选择,不能简单地照抄装配图上的表达方案,而应该结合该零件的结构形状特征、工作位置等因素,按照零件图的视图选择原则重新考虑。

在装配图中,零件的细小工艺结构往往被省略,拆画零件图时,这些结构需补全,并加以标准化。

4. 尺寸标注

装配图上已注出的尺寸,应在零件图中直接注出;装配图中未注尺寸,可以从装配图中按比例量出,也可以按功能需要设计出来、根据相关公式计算出来或根据明细栏、相关标准、有关手册查阅确定。

应该特别注意,各零件间有装配关系的尺寸,必须协调一致,配合零件的相关尺寸不可互相矛盾。相邻零件接触面的有关尺寸和连接件有关的定位尺寸必须一致,拆图时应一并将它们注在相关的零件图上。

5. 技术要求

根据零件各表面的要求确定其粗糙度,按照零件各部分的作用,参照同类零件要求注写技术要求。

6. 填写零件图标题栏

利用装配图明细栏的信息填写该零件图标题栏,完成零件图绘制,如图 8.20 为齿轮油泵泵体的零件图。

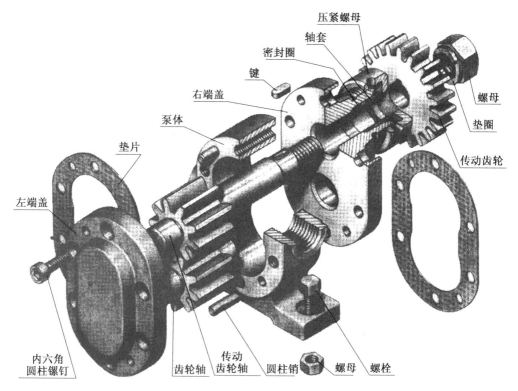

图 8.19　齿轮油泵的立体分解图

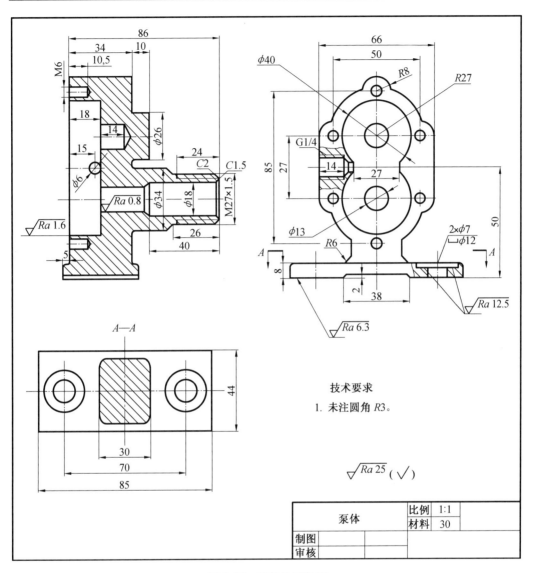

技术要求

1. 未注圆角 $R3$。

$\sqrt{Ra\,25}\,(\,\sqrt{\,}\,)$

泵体	比例	1:1
	材料	30
制图		
审核		

图 8.20　泵体的零件图

附　录

附表 1　普通螺纹的直径与螺距(摘自 GB/T 193—2003,GB/T 196—2003)　　mm

公称直径 D、d		螺距 P	
第一系列	第二系列	粗牙	细牙
3		0.5	0.35
	3.5	(0.6)	
4		0.7	0.5
	4.5	(0.75)	0.5
5		0.8	0.5
6		1	0.75、(0.5)
8		1.25	1、0.75、(0.5)
10		1.5	1.25、1、0.75、(0.5)
12		1.75	1.5、1.25、1、(0.75)、(0.5)
	14	2	1.5、(1.25)、1、(0.75)、(0.5)
16		2	1.5、1、(0.75)、(0.5)
	18	2.5	2、1.5、1、(0.75)、(0.5)
20		2.5	2、1.5、(0.75)、(0.5)
	22	2.5	2、1.5、1、(0.75)、(0.5)
24		3	2、1.5、1、(0.75)
	27	3	2、1.5、1、(0.75)
30		3.5	(3)、2、1.5、1、(0.75)
	33	3.5	(3)、2、1.5、(1)、(0.75)
36		4	3、2、1.5、(1)
	39	4	3、2、1.5、(1)
42		4.5	(4)、3、2、1.5、(1)
	45	4.5	(4)、3、2、1.5、(1)
48		5	(4)、3、2、1.5、(1)
	52	5	(4)、3、2、1.5、(1)
56		5.5	4、3、2、1.5、(1)

注:①优先选用第一系列,括号内尺寸尽可能不用。第三系列未列入

　　②M14×1.25 仅用于火花塞,M35×1.5 仅用于滚动轴承锁紧螺母

附表 2　六角头螺栓　　　　　　　　　　　　　　　　　　　　　　　　　　　mm

六角头螺栓 C 级(摘自 GB/T 5780—2000)　　　　　　六角头螺栓—全螺纹 C 级(摘自 GB/T 5781—2000)

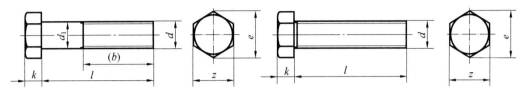

标 记 示 例

螺纹规格 d＝M12、公称长度 l＝80 mm、性能等级为 8.8 级、表面氧化、产品等级为 C 级的六角头螺栓：

螺栓　GB/T 5780—2000　M12×80

螺纹规格 d＝M12、公称长度 l＝80 mm、性能等级为 8.8 级、表面氧化、全螺纹、产品等级为 C 级的六角头螺栓：

螺栓　GB/T 5781—2000　M12×80

mm

螺纹规格	d	M4	M5	M6	M8	M10	M12	M16	M20	M24	M30	M36	M42	M48
b 参考	$l\leqslant125$	14	16	18	22	26	30	38	46	54	66	78	—	—
	$125<l\leqslant200$	—	—	—	28	32	36	44	52	60	72	84	96	108
	$l>200$	—	—	—	—	—	57	65	73	85	97	109	121	
k		2.8	3.5	4	5.3	6.4	7.5	10	12.5	15	18.7	22.5	26	30
d_{smax}		4	5	6	8	10	12	16	20	24	30	36	42	48
s_{max}		7	8	10	13	16	18	24	30	36	46	55	65	75
e_{min}	A	7.66	8.79	11.05	14.38	17.77	20.03	26.75	33.53	39.98	—	—	—	—
	B	—	8.63	10.89	14.2	17.59	19.85	26.17	32.95	39.55	50.85	60.79	72.02	82.6
l 范围	GB/T 5780	25~40	25~50	30~60	35~80	40~100	45~120	55~160	65~200	80~240	90~300	110~360	130~400	140~400
	GB/T 5781	8~40	10~50	12~60	16~80	20~100	25~100	35~100	40~100				80~500	100~500
l 系列		8、10、12、16、18、20~50(5 进位)、(55)、60、(65)、70~160(10 进位)、180~500(20 进位)												

注:尽可能不采用括号内的规格,C 级为产品等级

附表3　双头螺柱　　　　　　　　　　　　　　　　mm

$b_m = 1d$（摘自 GB/T 897—1988）　　　　　　$b_m = 1.25d$（摘自 GB/T 898—1988）
$b_m = 1.5d$（摘自 GB/T 899—1988）　　　　　　$b_m = 2d$（摘自 GB/T 900—1988）

A 型　　　　　　　　　　　　　　　　　B 型

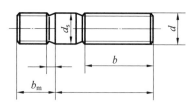　　　　　　　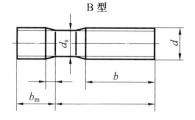

标 记 示 例

两端均为粗牙普通螺纹，$d=10$ mm、$l=50$ mm、性能等级为 4.8 级、B 型、$b_m=1d$ 的双头螺柱：

螺柱　GB/T 897—1988 M10×50

旋入一端为粗牙普通螺纹，旋螺母一端为螺距 $P=1$ mm 的细牙普通螺纹，$d=10$ mm、$l=50$ mm，性能等级为 4.8 级、A 型、$b_m=1d$ 的双头螺柱：

螺柱　GB/T 897—1988 AM10—M10×1×50

旋入一端为过渡配合的第一种配合、旋螺母一端为粗牙普通螺纹，$d=10$ mm、$l=50$ mm，性能等级为 8.8 级、B 型、$b_m=1d$ 的双头螺柱：

螺柱　GB/T 897—1988 BM10—M10×50—8.8

mm

螺纹规格 d		M4	M5	M6	M8	M10	M12	M16	M20	M24	M30	M36	M42	M48
b_m	GB/T 897	—	5	6	8	10	12	16	20	24	30	36	42	48
	GB/T 898	—	6	8	10	12	15	20	25	30	38	45	52	60
	GB/T 899	6	8	10	12	15	18	24	30	36	45	54	65	72
	GB/T 900	8	10	12	16	20	24	32	40	48	60	72	84	96
d_s		A 型 d_s=螺纹大径　　　　B 型 d_s≈螺纹中径												
x		1.5P												
$\dfrac{l}{b}$		$\dfrac{16\sim22}{8}$ $\dfrac{25\sim40}{14}$	$\dfrac{16\sim22}{10}$ $\dfrac{25\sim50}{16}$	$\dfrac{20\sim22}{10}$ $\dfrac{25\sim30}{14}$ $\dfrac{32\sim75}{18}$	$\dfrac{20\sim22}{12}$ $\dfrac{25\sim30}{16}$ $\dfrac{32\sim90}{22}$	$\dfrac{25\sim28}{14}$ $\dfrac{30\sim38}{16}$ $\dfrac{40\sim120}{26}$ $\dfrac{130}{32}$	$\dfrac{25\sim30}{16}$ $\dfrac{32\sim40}{20}$ $\dfrac{45\sim120}{30}$ $\dfrac{130\sim180}{36}$	$\dfrac{30\sim38}{20}$ $\dfrac{40\sim55}{30}$ $\dfrac{60\sim120}{38}$ $\dfrac{130\sim200}{44}$	$\dfrac{35\sim40}{25}$ $\dfrac{45\sim65}{35}$ $\dfrac{70\sim120}{46}$ $\dfrac{130\sim200}{52}$	$\dfrac{45\sim50}{30}$ $\dfrac{55\sim75}{45}$ $\dfrac{80\sim120}{54}$ $\dfrac{130\sim200}{60}$	$\dfrac{60\sim65}{40}$ $\dfrac{70\sim90}{50}$ $\dfrac{95\sim120}{60}$ $\dfrac{130\sim200}{72}$ $\dfrac{210\sim250}{85}$	$\dfrac{65\sim75}{45}$ $\dfrac{80\sim110}{60}$ $\dfrac{120}{78}$ $\dfrac{130\sim200}{84}$ $\dfrac{210\sim300}{97}$	$\dfrac{70\sim80}{50}$ $\dfrac{85\sim110}{70}$ $\dfrac{120}{90}$ $\dfrac{130\sim200}{96}$ $\dfrac{210\sim300}{109}$	$\dfrac{80\sim90}{60}$ $\dfrac{95\sim110}{80}$ $\dfrac{120}{102}$ $\dfrac{130\sim200}{108}$ $\dfrac{210\sim300}{121}$
l 系列		16、(18)、20、(22)、25、(28)、30、(32)、35、(38)、40、45、50、(55)、60、(65)、70、(75)、80、(85)、90、(95)、100、110、120、130、140、150、160、170、180、190、200、210、220、230、240、250、260、280、300												

注：①括号内的规格尽可能不用
　　②P 为螺距

附表4　普通平键、导向平键键槽的断面尺寸及公差

（摘自 GB/T 1095—2003、GB/T 1096—1979）　　　　　　mm

GB/T 1095—1979 平键及键槽的断面尺寸

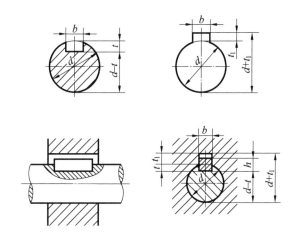

GB/T 1096—1979 普通平键型式尺寸

A 型　　　　　　　　　　　B 型　　　　　　　　　　　C 型

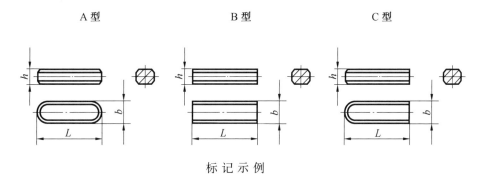

标 记 示 例

平头普通平键、B 型、b＝16 mm、h＝10 mm、L＝100 mm：

键　B16×100　GB/T 1096—1979

续附表4　　　　　　　　　　　　　　　　　　　　　　　　　　mm

轴径 d	键的公称尺寸			键槽										
				宽　度　b					深　度				半径 r	
					偏　差				轴		毂			
				b	较松键连接		一般键连接		较紧键连接					
	b	h	L		轴 H9	毂 D10	轴 N9	毂 Js9	轴和毂 P9	t	偏差	t_1	偏差	最小	最大
6~8	2	2	6~20	2	+0.025 0	+0.060 +0.029	-0.004 -0.029	±0.0125	-0.006 -0.031	1.2	+0.1 0	1	+0.1 0	0.08	0.16
>8~10	3	3	6~36	3						1.8		1.4			
>10~12	4	4	8~45	4	+0.030 0	+0.078 +0.030	0 -0.030	±0.015	-0.012 -0.042	2.5		1.8		0.16	0.25
>12~17	5	5	10~56	5						3.0		2.3			
>17~22	6	6	14~70	6						3.5		2.8			
>22~30	8	7	18~90	8	+0.036 0	+0.098 +0.040	0 -0.036	±0.018	-0.015 -0.051	4.0		3.3			
>30~38	10	8	22~110	10						5.0		3.3			
>38~44	12	8	28~140	12	+0.043 0	+0.120 +0.050	0 -0.043	±0.0215	-0.018 -0.061	5.0		3.3		0.25	0.40
>44~50	14	9	36~160	14						5.5		3.8			
>50~58	16	10	45~180	16						6.0	+0.2 0	4.3	+0.2 0		
>58~65	18	11	50~200	18						7.0		4.4			
>65~75	20	12	56~200	20	+0.052 0	+0.149 +0.065	0 -0.052	±0.026	-0.022 -0.074					0.4	0.6
>75~85	22	14	63~250	22											
>85~95	25	14	70~280	25											
>95~110	28	16	80~320	28											
L 系列	6、8、10、12、14、16、18、20、22、25、28、32、36、40、45、50、56、63、70、80、90、100、110、125、140、160、180、200、220、250、320、400、450、500														

注:$(d-t)$ 和 $(d+t_1)$ 的偏差按相应的 t 和 t_1 的偏差选取,但 $(d-t)$ 的偏差值应取负号

附表 5　深沟球轴承(摘自 GB/T 276—1994)

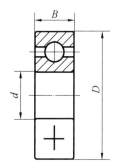

标记示例

尺寸系列代号为 02,内径代号为 06,类型代号为 6 的深沟球轴承:

滚动轴承 6206 GB/T 276—1994

轴承代号		外形尺寸/mm			轴承代号		外形尺寸/mm		
		d	D	B			d	D	B
10 系列	6004	20	42	12	03 系列	6304	20	52	15
	6005	25	47	12		6305	25	62	17
	6006	30	55	13		6306	30	72	19
	6007	35	62	14		6307	35	80	21
	6008	40	68	15		6308	40	90	23
	6009	45	75	16		6309	45	100	25
	6010	50	80	16		6310	50	110	27
	6011	55	90	18		6311	55	120	29
	6012	60	95	18		6312	60	130	31
	6013	65	100	18		6313	65	140	33
	6014	70	110	20		6314	70	150	35
	6015	75	115	20		6315	75	160	37
	6016	80	125	22		6316	80	170	39
	6017	85	130	22		6317	85	180	41
	6018	90	140	24		6318	90	190	43
	6019	95	145	24		6319	95	200	45
	6020	100	150	24		6320	100	215	47
02 系列	6204	20	47	14	04 系列	6404	20	72	19
	6205	25	52	15		6405	25	80	21
	6206	30	62	16		6406	30	90	23
	6207	35	72	17		6407	35	100	25
	6208	40	80	18		6408	40	110	27
	6209	45	85	19		6409	45	120	29
	6210	50	90	20		6410	50	130	31
	6211	55	100	21		6411	55	140	33
	6212	60	110	22		6412	60	150	35
	6213	65	120	23		6413	65	160	37
	6214	70	125	24		6414	70	180	42
	6215	75	130	25		6415	75	190	45
	6216	80	140	26		6416	80	200	48
	6217	85	150	28		6417	85	210	52
	6218	90	160	30		6418	90	225	54
	6219	95	170	32		6419	95	240	55
	6220	100	180	34		6420	100	250	58

附表 6　圆锥滚子轴承(摘自 GB/T 297—1994)

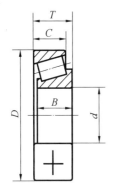

标记示例

尺寸系列代号为 03,内径代号为 12,类型代号为 3 的圆锥滚子轴承:

滚动轴承 30312 GB/T 297—1994

轴承代号		外形尺寸/mm					轴承代号		外形尺寸/mm				
		d	D	T	B	C			d	D	T	B	C
02 系列	30204	20	47	15.25	14	12	22 系列	32204	20	47	19.25	18	15
	30205	25	52	16.25	15	13		32205	25	52	19.25	18	16
	30206	30	62	17.25	16	14		32206	30	62	21.25	20	17
	30207	35	72	18.25	17	15		32207	35	72	24.25	23	19
	30208	40	80	19.75	18	16		32208	40	80	24.75	23	19
	30209	45	85	20.75	19	16		32209	45	85	24.75	23	19
	30210	50	90	21.75	20	17		32210	50	90	24.75	23	19
	30211	55	100	22.75	21	18		32211	55	100	26.75	25	21
	30212	60	110	23.75	22	19		32212	60	110	29.75	28	24
	30213	65	120	24.75	23	20		32213	65	120	32.75	31	27
	30214	70	125	26.25	24	21		32214	70	125	33.25	31	27
	30215	75	130	27.25	25	22		32215	75	130	33.25	31	27
	30216	80	140	28.25	26	22		32216	80	140	35.25	33	28
	30217	85	150	30.50	28	24		32217	85	150	38.50	36	30
	30218	90	160	32.50	30	26		32218	90	160	42.50	40	34
	30219	95	170	34.50	32	27		32219	95	170	45.50	43	37
	30220	100	180	37	34	29		32220	100	180	49	46	39
03 系列	30304	20	52	16.25	15	13	23 系列	32304	20	52	22.25	21	18
	30305	25	62	18.25	17	15		32305	25	62	25.25	24	20
	30306	30	72	20.75	19	16		32306	30	72	28.75	27	23
	30307	35	80	22.75	21	18		32307	35	80	32.75	31	25
	30308	40	90	25.25	23	20		32308	40	90	35.25	33	27
	30309	45	100	27.25	25	22		32309	45	100	38.25	36	30
	30310	50	110	29.25	27	23		32310	50	110	42.25	40	33
	30311	55	120	31.50	29	25		32311	55	120	45.50	43	35
	30312	60	130	33.50	31	26		32312	60	130	48.50	46	37
	30313	65	140	36	33	28		32313	65	140	51	48	39
	30314	70	150	38	35	30		32314	70	150	54	51	42
	30315	75	160	40	37	31		32315	75	160	58	55	45
	30316	80	170	42.50	39	33		32316	80	170	61.50	58	48
	30317	85	180	44.50	41	34		32317	85	180	63.50	60	49
	30318	90	190	46.50	43	36		32318	90	190	67.50	64	53
	30319	95	200	49.50	45	38		32319	95	200	71.50	67	55
	30320	100	215	51.50	47	39		32320	100	215	77.50	73	60

附表 7　推力球轴承(摘自 GB/T 301—1995)

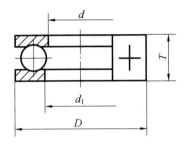

标记示例
尺寸系列代号为 13,内径代号为 10,类型代号为 5 的推力球轴承:

滚动轴承 51310 GB/T 301—1995

轴承代号	外形尺寸/mm				轴承代号	外形尺寸/mm			
	d	D	T	$d_{1\min}$		d	D	T	$d_{1\min}$
11 系列 51104	20	35	10	21	13 系列 51304	20	47	18	22
51105	25	42	11	26	51305	25	52	18	27
51106	30	47	11	32	51306	30	60	21	32
51107	35	52	12	37	51307	35	68	24	37
51108	40	60	13	42	51308	40	78	26	42
51109	45	65	14	47	51309	45	85	28	47
51110	50	70	14	52	51310	50	95	31	52
51111	55	78	16	57	51311	55	105	35	57
51112	60	85	17	62	51312	60	110	35	62
51113	65	90	18	67	51313	65	115	36	67
51114	70	95	18	72	51314	70	125	40	72
51115	75	100	19	77	51315	75	135	44	77
51116	80	105	19	82	51316	80	140	44	82
51117	85	110	19	87	51317	85	150	49	88
51118	90	120	22	92	51318	90	155	50	93
51120	100	135	25	102	51320	100	170	55	103
12 系列 51204	20	40	14	22	14 系列 51405	25	60	24	27
51205	25	47	15	27	51406	30	70	28	32
51206	30	52	16	32	51407	35	80	32	37
51207	35	62	18	37	51408	40	90	36	42
51208	40	68	19	42	51409	45	100	39	47
51209	45	73	20	47	51410	50	110	43	52
51210	50	78	22	52	51411	55	120	48	57
51211	55	90	25	57	51412	60	130	51	62
51212	60	95	26	62	51413	65	140	56	68
51213	65	100	27	67	51414	70	150	60	73
51214	70	105	27	72	51415	75	160	65	78
51215	75	110	27	77	51416	80	170	68	83
51216	80	115	28	82	51417	85	180	72	88
51217	85	125	31	88	51418	90	190	77	93
51218	90	135	35	93	51420	100	210	85	103
51220	100	150	38	103	51422	110	230	95	113

代号 大于	至	a 11	b 11	c *11	d *9	e 8	f *7	g *6	h 5	h *6	h *7	h 8	h *9	h 10
−	3	−270 / −330	−140 / −200	−60 / −120	−20 / −45	−14 / −28	−6 / −16	−2 / −8	0 / −4	0 / −6	0 / −10	0 / −14	0 / −25	0 / −40
3	6	−270 / −345	−140 / −215	−70 / −145	−30 / −60	−20 / −38	−10 / −22	−4 / −12	0 / −5	0 / −8	0 / −12	0 / −18	0 / −30	0 / −48
6	10	−280 / −338	−150 / −240	−80 / −170	−40 / −76	−25 / −47	−13 / −28	−5 / −14	0 / −6	0 / −9	0 / −15	0 / −22	0 / −36	0 / −58
10	14	−290 / −400	−150 / −260	−90 / −205	−50 / −93	−32 / −59	−16 / −34	−6 / −17	0 / −8	0 / −11	0 / −18	0 / −27	0 / −43	0 / −70
14	18													
18	24	−300 / −430	−160 / −290	−110 / −240	−65 / −117	−40 / −73	−20 / −41	−7 / −20	0 / −9	0 / −13	0 / −21	0 / −33	0 / −52	0 / −84
24	30													
30	40	−310 / −470	−170 / −330	−120 / −280	−80 / −142	−50 / −89	−25 / −50	−9 / −25	0 / −11	0 / −16	0 / −25	0 / −39	0 / −62	0 / −100
40	50	−320 / −480	−180 / −340	−130 / −290										
50	65	−340 / −530	−190 / −380	−140 / −330	−100 / −174	−60 / −106	−30 / −60	−10 / −29	0 / −13	0 / −19	0 / −30	0 / −46	0 / −74	0 / −120
65	80	−360 / −550	−200 / −390	−150 / −340										
80	100	−380 / −600	−220 / −440	−170 / −390	−120 / −207	−72 / −126	−36 / −71	−12 / −34	0 / −15	0 / −22	0 / −35	0 / −54	0 / −87	0 / −140
100	120	−410 / −630	−240 / −460	−180 / −400										
120	140	−460 / −710	−260 / −510	−200 / −450	−145 / −245	−85 / −148	−43 / −83	−14 / −39	0 / −18	0 / −25	0 / −40	0 / −63	0 / −100	0 / −160
140	160	−520 / −770	−280 / −530	−210 / −460										
160	180	−580 / −830	−310 / −560	−230 / −480										
180	200	−660 / −950	−340 / −630	−240 / −530	−170 / −285	−100 / −172	−50 / −96	−15 / −44	0 / −20	0 / −29	0 / −46	0 / −72	0 / −115	0 / −185
200	225	−740 / −1030	−380 / −670	−260 / −550										
225	250	−820 / −1110	−420 / −710	−280 / −570										
250	280	−920 / −1240	−480 / −800	−300 / −620	−190 / −320	−110 / −191	−56 / −108	−17 / −49	0 / −23	0 / −32	0 / −52	0 / −81	0 / −130	0 / −210
280	315	−1050 / −1370	−540 / −860	−330 / −650										
315	355	−1200 / −1560	−600 / −960	−360 / −720	−210 / −350	−125 / −214	−62 / −119	−18 / −54	0 / −25	0 / −36	0 / −57	0 / −89	0 / −140	0 / −230
355	400	−1350 / −1710	−680 / −1040	−400 / −760										
400	450	−1500 / −1900	−760 / −1160	−440 / −840	−230 / −385	−135 / −232	−68 / −131	−20 / −60	0 / −27	0 / −40	0 / −63	0 / −97	0 / −155	0 / −250
450	500	−1650 / −2050	−840 / −1240	−480 / −880										

注：带"＊"者为优先选用的,其他为常用的

配合中轴的极限偏差配合中轴的极限偏差　　μm

h		js	k	m	n	p	r	s	t	u	v	x	y	z
						公 差 等 级								
*11	12	6	*6	6	*6	*6	6	*6	6	*6	6	6	6
0 / −60	0 / −100	±3	+6 / 0	+8 / +2	+10 / +4	+12 / +6	+16 / +10	+20 / +14	—	+24 / +18	—	+26 / +20	—	+32 / +26
0 / −75	0 / −120	±4	+9 / +1	+12 / +4	+16 / +8	+20 / +12	+23 / +15	+27 / +19	—	+31 / +23	—	+36 / +28	—	+43 / +35
0 / −90	0 / −150	±4.5	+10 / +1	+15 / +6	+19 / +10	+24 / +15	+28 / +19	+32 / +23	—	+37 / +28	—	+43 / +34	—	+51 / +42
0 / −110	0 / −180	±5.5	+12 / +1	+18 / +7	+23 / +12	+29 / +18	+34 / +23	+39 / +28	—	+44 / +33	—	+51 / +40	—	+61 / +50
											+50 / +39	+56 / +45	—	+71 / +60
0 / −130	0 / −210	±6.5	+15 / +2	+21 / +8	+28 / +15	+35 / +22	+41 / +28	+48 / +35	—	+54 / +41	+60 / +47	+67 / +54	+76 / +63	+86 / +73
									+54 / +41	+61 / +48	+68 / +55	+77 / +64	+88 / +75	+101 / +88
0 / −160	0 / −250	±8	+18 / +2	+25 / +9	+33 / +17	+42 / +26	+50 / +34	+59 / +43	+64 / +48	+76 / +60	+84 / +68	+96 / +80	+110 / +94	+128 / +112
									+70 / +54	+86 / +70	+97 / +81	+113 / +97	+130 / +114	+152 / +136
0 / −190	0 / −300	±9.5	+21 / +2	+30 / +11	+39 / +20	+51 / +32	+60 / +41	+72 / +53	+85 / +66	+106 / +87	+121 / +102	+141 / +122	+163 / +144	+191 / +172
									+94 / +75	+121 / +102	+139 / +120	+165 / +146	+193 / +174	+229 / +210
0 / −220	0 / −350	±11	+25 / +3	+35 / +13	+45 / +23	+59 / +37	+73 / +51	+93 / +71	+113 / +91	+146 / +124	+168 / +146	+200 / +178	+236 / +214	+280 / +258
									+126 / +104	+166 / +144	+194 / +172	+232 / +210	+276 / +254	+332 / +310
0 / −250	0 / −400	±12.5	+28 / +3	+40 / +15	+52 / +27	+68 / +43	+88 / +63	+117 / +92	+147 / +122	+195 / +170	+227 / +202	+273 / +248	+325 / +300	+390 / +365
							+90 / +65	+125 / +100	+159 / +134	+215 / +190	+253 / +228	+305 / +280	+365 / +340	+440 / +415
							+93 / +68	+133 / +108	+171 / +146	+235 / +210	+277 / +252	+335 / +310	+405 / +380	+490 / +465
0 / −290	0 / −460	±14.5	+33 / +4	+46 / +17	+60 / +31	+79 / +50	+106 / +77	+151 / +122	+195 / +166	+265 / +236	+313 / +284	+379 / +350	+454 / +425	+549 / +520
							+109 / +80	+159 / +130	+209 / +180	+287 / +258	+339 / +310	+414 / +385	+499 / +470	+604 / +575
							+113 / +84	+169 / +140	+225 / +196	+313 / +284	+369 / +340	+454 / +425	+549 / +520	+669 / +640
0 / −320	0 / −520	±16	+36 / +4	+52 / +20	+66 / +34	+88 / +56	+126 / +94	+190 / +158	+250 / +218	+347 / +315	+417 / +385	+507 / +475	+612 / +580	+742 / +710
							+130 / +98	+202 / +170	+272 / +240	+382 / +350	+457 / +425	+557 / +525	+682 / +650	+822 / +790
0 / −360	0 / −570	±18	+40 / +4	+57 / +21	+73 / +37	+98 / +62	+144 / +108	+226 / +190	+304 / +268	+426 / +390	+511 / +475	+626 / +590	+766 / +730	+936 / +900
							+150 / +114	+244 / +208	+330 / +294	+471 / +435	+566 / +530	+696 / +660	+856 / +820	+1036 / +1000
0 / −400	0 / −630	±20	+45 / +5	+63 / +23	+80 / +40	+108 / +68	+166 / +126	+272 / +232	+370 / +330	+530 / +490	+635 / +595	+780 / +740	+960 / +920	+1140 / +1100
							+172 / +132	+292 / +252	+400 / +360	+580 / +540	+700 / +660	+860 / +820	+1040 / +1000	+1290 / +1250

附表9　优先及常用

代号		A	B	C	D	E	F	G	H					
基本尺寸/mm		公 差 等 级												
大于	至	11	11	*11	*9	8	*8	*7	6	*7	*8	*9	10	*11
−	3	+330/+270	+200/+140	+120/+60	+45/+20	+28/+14	+20/+6	+12/+2	+6/0	+10/0	+14/0	+25/0	+40/0	+60/0
3	6	+345/+270	+215/+140	+145/+70	+60/+30	+38/+20	+28/+10	+16/+4	+8/0	+12/0	+18/0	+30/0	+48/0	+75/0
6	10	+370/+280	+240/+150	+170/+80	+76/+40	+47/+25	+35/+13	+20/+5	+9/0	+15/0	+22/0	+36/0	+58/0	+90/0
10	14	+400/+290	+260/+150	+205/+95	+93/+50	+59/+32	+43/+16	+24/+6	+11/0	+18/0	+27/0	+43/0	+70/0	+110/0
14	18													
18	24	+430/+300	+290/+160	+240/+110	+117/+65	+73/+40	+53/+20	+28/+7	+13/0	+21/0	+33/0	+52/0	+84/0	+130/0
24	30													
30	40	+470/+310	+330/+170	+280/+120	+142/+80	+89/+50	+64/+25	+34/+9	+16/0	+25/0	+39/0	+62/0	+100/0	+160/0
40	50	+480/+320	+340/+180	+290/+130										
50	65	+530/+340	+380/+190	+330/+140	+174/+100	+106/+60	+76/+30	+40/+10	+19/0	+30/0	+46/0	+74/0	+120/0	+190/0
65	80	+550/+360	+390/+200	+340/+150										
80	100	~+600/+380	~+440/+220	+390/+170	+207/+120	+125/+72	+90/+36	+47/+12	+22/0	+35/0	+54/0	+87/0	+140/0	+220/0
100	120	+630/+410	+460/+240	+400/+180										
120	140	+710/+460	+510/+260	+450/+200	+245/+145	+148/+85	+106/+43	+54/+14	+25/0	+40/0	+63/0	+100/0	+160/0	+250/0
140	160	+770/+520	+530/+280	+460/+210										
160	180	+830/+580	+560/+310	+480/+230										
180	200	+950/+660	+630/+340	+530/+240	+285/+170	+172/+100	+122/+50	+61/+15	+29/0	+46/0	+72/0	+115/0	+185/0	+290/0
200	225	+1030/+740	+670/+380	+550/+260										
225	250	+1110/+820	+710/+420	+570/+280										
250	280	+1240/+920	+800/+480	+620/+300	+320/+190	+191/+110	+137/+56	+69/+17	+32/0	+52/0	+81/0	+130/0	+210/0	+320/0
280	315	+1370/+1050	+860/+540	+650/+330										
315	355	+1560/+1200	+960/+600	+720/+360	+350/+210	+214/+125	+151/+62	+75/+18	+36/0	+57/0	+89/0	+140/0	+230/0	+360/0
355	400	+1710/+1350	+1040/+680	+760/+400										
400	450	+1900/+1500	+1160/+760	+840/+440	+385/+230	+232/+135	+165/+68	+83/+20	+40/0	+63/0	+97/0	+155/0	+250/0	+400/0
450	500	+2050/+1650	+1240/+840	+880/+480										

注:带"＊"者为优先选用的,其他为常用的

配合中孔的极限偏差配合中轴的极限偏差　　　　　　　　　　　　　μm

公 差 等 级

H	JS		K			M	N		P		R	S	T	U
12	6	7	6	*7	8	7	6	*7	6	*7	7	*7	7	*7
+100 / 0	±3	±5	0 / -6	0 / -10	0 / -14	-2 / -12	-4 / -10	-4 / -14	-6 / -12	-6 / -16	-10 / -20	-14 / -24	—	-18 / -28
+120 / 0	±4	±6	+2 / -6	+3 / -9	+5 / -13	0 / -12	-5 / -13	-4 / -16	-9 / -17	-8 / -20	-11 / -23	-15 / -27	—	-19 / -31
+150 / 0	±4.5	±7	+2 / -7	+5 / -10	+6 / -16	0 / -15	-7 / -16	-4 / -19	-12 / -21	-9 / -24	-13 / -28	-17 / -32	—	-22 / -37
+180 / 0	±5.5	±9	+2 / -9	+6 / -12	+8 / -19	0 / -18	-9 / -20	-5 / -23	-15 / -26	-11 / -29	-16 / -34	-21 / -39	—	-26 / -44
+210 / 0	±6.5	±10	+2 / -11	+6 / -15	+10 / -23	0 / -21	-11 / -24	-7 / -28	-18 / -31	-14 / -35	-20 / -41	-27 / -48	—	-33 / -54
													-33 / -54	-40 / -61
+250 / 0	±8	±12	+3 / -13	+7 / -18	+12 / -27	0 / -25	-12 / -28	-8 / -33	-21 / -37	-17 / -42	-25 / -50	-34 / -59	-39 / -64	-51 / -76
													-45 / -70	-61 / -86
+300 / 0	±9.5	±15	+4 / -15	+9 / -21	+14 / -32	0 / -30	-14 / -33	-9 / -39	-26 / -45	-21 / -51	-30 / -60	-42 / -72	-55 / -85	-76 / -106
											-32 / -62	-48 / -78	-64 / -94	-91 / -121
+350 / 0	±11	±17	+4 / -18	+10 / -25	+16 / -38	0 / -35	-16 / -38	-10 / -45	-30 / -52	-24 / -59	-38 / -73	-58 / -93	-78 / -113	-111 / -146
											-41 / -76	-66 / -101	-91 / -126	-131 / -166
+400 / 0	±12.5	±20	+4 / -21	+12 / -28	+20 / -43	0 / -40	-20 / -45	-12 / -52	-36 / -61	-28 / -68	-48 / -88	-77 / -117	-107 / -147	-155 / -195
											-50 / -90	-85 / -125	-119 / -159	-175 / -215
											-53 / -93	-93 / -133	-131 / -171	-195 / -235
+460 / 0	±14.5	±23	+5 / -24	+13 / -33	+22 / -50	0 / -46	-22 / -51	-14 / -60	-41 / -70	-33 / -79	-60 / -106	-105 / -151	-149 / -195	-219 / -265
											-63 / -109	-113 / -159	-163 / -209	-241 / -287
											-67 / -113	-123 / -169	-179 / -225	-267 / -313
+520 / 0	±16	±26	+5 / -27	+16 / -36	+25 / -56	0 / -52	-25 / -57	-14 / -66	-47 / -79	-36 / -88	-74 / -126	-138 / -190	-198 / -250	-295 / -347
											-78 / -130	-150 / -202	-220 / -272	-330 / -382
+570 / 0	±18	±28	+7 / -29	+17 / -40	+28 / -61	0 / -57	-26 / -62	-16 / -73	-51 / -87	-41 / -98	-87 / -144	-169 / -226	-247 / -304	-369 / -426
											-93 / -150	-187 / -244	-273 / -330	-414 / -471
+630 / 0	±20	±31	+8 / -32	+18 / -45	+29 / -68	0 / -63	-27 / -67	-17 / -80	-55 / -95	-45 / -108	-103 / -166	-209 / -272	-307 / -370	-467 / -530
											-109 / -172	-229 / -292	-337 / -400	-517 / -580

参 考 文 献

［1］叶玉驹,焦永和,张彤.机械制图手册［M］.北京:机械工业出版社,2008.

［2］吕守祥.机械制图［M］.北京:机械工业出版社,2006.

［3］钱可强.机械制图［M］.北京:高等教育出版社,2003.

［4］李澄.机械制图［M］.北京:高等教育出版社,2003.

［5］叶钢.工程制图［M］北京:清华大学出版社,2007.

［6］金莹,程联社.机械制图项目教程［M］.西安:西安电子科技大学出版社,2011.

［7］唐克中.画法几何及工程制图［M］.北京:高等教育出版社,2009.

［8］金大鹰.机械制图［M］.北京:机械工业出版社,2010.

［9］刘朝儒.机械制图［M］.北京:高等教育出版社,2000.

［10］何铭新,钱可强.机械制图［M］.北京:高等教育出版社,2004.

［11］宋耀增,周万民.画法几何·机械制图［M］.北京:机械工业出版社,2001.

［12］孙根正,王永平.工程制图基础［M］.西安:西北工业大学出版社,2003.

［13］胡建国,汪鸣琦,李亚萍.机械工程图学［M］.武汉:武汉大学出版社,2008.

［14］胡琳.工程制图［M］.2版.北京:机械工业出版社,2018.

［15］李小琴.工程制图与CAD［M］.北京:机械工业出版社,2018.

［16］万静.机械工程制图基础［M］.3版.北京:机械工业出版社,2018.

［17］林慧珠.工程制图(英汉双语)［M］.北京:机械工业出版社,2016.

［18］金大鹰.机械制图(少学时)［M］.2版.北京:机械工业出版社,2018.

［19］金大鹰.机械制图(机械类专业)［M］.4版.北京:机械工业出版社,2018.

［20］钱可强.机械制图［M］.5版.北京:高等教育出版社,2018.

［21］高红英,赵明威.机械制图项目教程［M］.北京:高等教育出版社,2012.

［22］陈世芳.机械制图［M］.北京:人民邮电出版社出版,2016.